不怕问题

子女成长教育的心理学解决之道

卜文智 赵辉 编著

知识产权出版社
全国百佳图书出版单位
—北京—

图书在版编目（CIP）数据

不怕问题：子女成长教育的心理学解决之道/卜文智，赵辉编著．—北京：知识产权出版社，2020.1

ISBN 978-7-5130-6484-2

Ⅰ.①不… Ⅱ.①卜… ②赵… Ⅲ.①儿童心理学 ②儿童教育—家庭教育 Ⅳ.①B844.1 ②G782

中国版本图书馆CIP数据核字（2019）第212073号

责任编辑：荆成恭　　　　　　　　　　责任校对：潘凤越
封面设计：臧　磊　　　　　　　　　　责任印制：刘译文

不怕问题：子女成长教育的心理学解决之道

卜文智　赵　辉　编著

出版发行：	知识产权出版社 有限责任公司	网　　址：	http://www.ipph.cn
社　　址：	北京市海淀区气象路50号院	邮　　编：	100081
责编电话：	010-82000860转8341	责编邮箱：	jcggxj219@163.com
发行电话：	010-82000860转8101/8102	发行传真：	010-82000893/82005070/82000270
印　　刷：	北京嘉恒彩色印刷有限责任公司	经　　销：	各大网上书店、新华书店及相关专业书店
开　　本：	720mm×1000mm　1/16	印　　张：	14.75
版　　次：	2020年1月第1版	印　　次：	2020年1月第1次印刷
字　　数：	228千字	定　　价：	79.00元

ISBN 978-7-5130-6484-2

出版权专有　侵权必究
如有印装质量问题，本社负责调换。

前　言

谁在生活中没有遇到过问题？

谁在子女成长教育中没有遇到过问题？

我们常常思考很多问题，尤其是子女成长教育问题，而这些问题又是我们没有更多办法来解决的问题。但我们同时也明白这样一个道理，教育别人的孩子容易，教育自己的孩子不易。所以，根据来访者的求助和孩子们成长中的遇见，我们终于下定一个决心，为"问题"写本书。这本书，力求给出子女成长教育的方法和路径，也许有不尽如人意的地方，但总是一个有力的开始吧。

本书用十章的篇幅，从子女成长教育的角度揭开问题的面纱，结合成长中的问题所呈现的不同形态，给家长关注和解决这些问题提供了一些方法和手段，给人们思考与解决子女成长教育问题提供了一些思路。我们尽可能浅显地阐明观点，尽最大努力发挥个人的能力，尽管有些观点和视角与读者有所不同，但总是以问题能够得到解决为追求的目标！

我们始终坚信，有问题不一定是坏事。我们每个人之所以能够成为今天的自己，也得益于问题的一次次遇见与解决。在生活面前每个人都会遇到这样或那样的问题，只要能勇敢地面对问题，问题就不是问题。

当我们为人父母后，必然要承担子女的家庭教育责任，不管你是否愿意，这都是不可推卸的一份担当。当下的心理咨询师接触到的个案也主要来自家长为孩子成长和教育问题的求助。

谈起教育，人们不得不承认，我们的教育其实是一种精英教育，是一种披着"素质教育"外衣的"应试教育"，于是"不能让孩子输在起跑线上"就势必成为每一位父母紧盯的一个问题。

作为一名从业多年的教育工作者，我不仅从事过教育、教学工作，而且从事过教育、教学管理工作；既当过小学、中学、大学老师，又有20多年的心理辅导经历；既养育过儿子，又有养育女儿的经历，也遇到过与每一位家长都可能会遇到的相同问题：不是学习不努力，就是贪玩不愿学；不是调皮说谎，就是拿钱打游戏逃学；不是偷着抽烟胡闹，就是和人打架斗殴；不是被老师训斥，就是考试成绩下滑；不是交流沟通不够，就是青春期叛逆等问题在作怪……

而今的家长都是比较有文化、思想前卫、竞争意识强烈的一代人，不愿意让孩子输在起跑线上，于是乎，校外辅导、小餐桌、兴趣培训、特长训练等形式的8小时之外的课势头很猛，无论时间还是金钱都成为家庭生活中的主要部分。所以在接受媒体采访时，我就说这不是学校不愿意减，而是社会、家长不接纳公开宣称的素质教育，而是紧盯孩子学得怎么样，考了多少分。因此说，减负不是件容易的事情，而是一项巨大、繁杂的工程，有必要首先从认知上开始矫治。

回头看，素质教育不是不好，而是很有必要。但自从推行以来并没有很好的效果，关键在哪里？关键在于家长的教育意识目标和社会对教育的评价体系出现了问题而造成今天的教育不敢深究和恭维。

应试教育本应堂堂正正地推行和发展，而今却不敢自立标识，好像犯了什么错误一样被教育行政潜藏于教育的角落。每每检查及总结都是素质教育得到很大发展，应试教育不敢大题大作。就像中国的有钱人总是说没钱一样，怕什么？怕方向路线出问题。其实应试教育只是一种教育模式，世界各国应用的教育模式普遍都离不开应试教育，没有考试怎么去评价人才质量？不要考试也不是素质教育，素质教育也是有考试的，只是考试的方式方法不一样。如果能够摆正教育就需要刻苦学习，学习就必须有考试，考试就是一个学习环节而已，有了这样的认知，学生和家长也就不会过于关注孩子的考试成绩，全社会也就没有必要给教育以压力。可事实都恰恰相反，导致今天越是强调素质教育，孩子的书包越大、课程越多、书本越厚，学了的要考，不学的不一定都不考，幼儿园升小学也不例外。

由于教育资源的不足，民办教育发展和公办教育的发展不在一个起跑线上，为求生存求发展，民办教师读懂了家长对孩子学习成绩格外关注的情怀，所以采取了严苛管理、负重拉车、剥夺时间、强力灌注的手段，强行追赶成绩，这已经是不公开的秘密，也是被社会和家长认可的。于是就出现了变相的多余体罚、暴虐等事件。虽然是极个别事件，但毕竟伤害到的不仅是一个学生，也是一个家庭，甚至造成家长的困惑、不解，或者得不到想要的说法而导致了上访、申诉，这样的伤害就不仅是当事人，更多的是一些家长及社会对教育的情感。

在孩子受教育过程中，忽略了劳动技能的体验与培养，使孩子们严重缺失了抗击挫折的能力和隐忍身心苦痛的能力。高分数、低能力，遇到问题只知道找家长，盲目的家长也就是一味地顺从和关注考分多少，孩子的心理成长怎么样一概不管，这样势必造成了一种依赖心理和依赖情绪体验，于是出现问题很盲从，没有解决问题的能力和体验。近来网络上报道的孩子和家长发生争执后，一跃跳下楼的悲惨事件，不得不引起我们的思考！

近期网络中有一篇很富有正能量的文章也引起了有心人的关注，说的是学体育的学生很少出现所谓的心理问题，更没有自杀、自残等现象发生。以个人的体会是这样一种情况，体育生在教练的指导下进行的训练一般都是很苦、很累的，既有身体上的超强磨炼，也有心理上的斗志训练，所以身心都会经受极限的考验，并且体育训练的强度、密度上不去就不可能提高运动成绩。但凡经受过这种体验和生命的历练，无疑就提升了一个人面对问题时的抗挫能力，所以说，多培养孩子吃苦耐劳的精神是成长的重要因素，不可或缺，必须加强。

心理学指出，在父母与子女不断的互动过程中，父母的信念、情绪、行为等都会影响孩子的心理健康水平，进而影响孩子一生的发展。

在孩子（自爱阶段、爱父母阶段、爱异性阶段）成长过程中如果心灵受到伤害那将是一个很不幸的，或许会影响到孩子的一生。无论心理困惑、自卑、焦虑、恐惧，甚至是应激障碍都需要及时进行危机干预和心理疏导服务的及时跟进，如果能这样有形、有序、有意化淤堵为平和，消积怨为友善，对家庭、孩子、社会都有积极意义。《不怕问题》就是基于这样的思考而展开并编撰成书，不纠结于理论的完整和体系的丰富，重点在于说清问题，疗愈内心雷同事件所带来的伤痛，同时为家长们提供可以借鉴的解决问题的方法，对咨询师来说也可以提供一点启迪和点拨，但愿能与读者共鸣。

作者

2019 年 6 月 26 日于运城

目 录

前 言 ··· I
第一章 问题与当下的教育 ····································· 1
  一、什么是"问题"？ ····································· 1
  二、我们所遇到的危机是什么？ ··························· 6
  三、教育危机的深层根源 ································· 8
  四、焦虑的父母养不出成功的孩子！ ······················ 13
第二章 问题带来了什么 ····································· 16
  一、什么是积极情绪 ···································· 17
  二、人类为什么需要积极情绪 ···························· 21
  三、如何增强积极情绪 ·································· 25
  四、不可忽略的防御性悲观 ······························ 28
第三章 情绪的家庭 ··· 32
  一、情绪生活 ·· 32
  二、情绪管理 ·· 37
  三、情绪调控 ·· 47
  四、情绪疗愈 ·· 48
  五、合理情绪疗法的常用技术 ···························· 55
第四章 成长中的遭遇 ······································· 65
  一、如何保护好孩子的好奇心理 ·························· 65
  二、家长怎样陪孩子一起成长 ···························· 69
  三、明确告诉孩子——幸福都是奋斗出来的 ················ 74
  四、中小学生的心理健康问题及其应对策略 ················ 76
  五、社会焦虑问题广泛地影响着教育的发展 ················ 80
第五章 青春期的遇见 ······································· 85
  一、成长困惑 ·· 86

二、焦虑与抑郁 …………………………………………… 94
第六章　遭遇问题的刻下 ……………………………………… 104
　　一、静下心来走向内在 …………………………………… 104
　　二、相信问题总能得到解决 ……………………………… 106
　　三、咨询访谈得到的启示 ………………………………… 107
　　四、认真学习教育法规，在法律框架内解决问题 ……… 108
　　五、从现实出发的警钟长鸣法 …………………………… 114
第七章　家庭需要这样 ………………………………………… 129
　　一、一次成功的家庭会议 ………………………………… 129
　　二、一次生命的感受体验 ………………………………… 134
　　三、一次心灵的远行 ……………………………………… 136
　　四、走进中医经络催眠的课堂 …………………………… 138
第八章　洞见问题就不怕问题 ………………………………… 147
　　一、创伤性应激障碍的咨询与疗愈 ……………………… 147
　　二、神经疑似症的咨询与疗愈 …………………………… 155
　　三、学习性应激障碍问题的矫治 ………………………… 159
　　四、癔症的咨询与疗愈 …………………………………… 162
　　五、青春期问题的催眠治疗 ……………………………… 165
　　六、同一性困惑问题的矫治 ……………………………… 173
　　七、亲子关系的困惑与疗愈 ……………………………… 182
　　八、神经衰弱的心理咨询与自我疗愈 …………………… 187
　　九、失眠症的心理治疗 …………………………………… 193
第九章　应予重视的教育现象 ………………………………… 197
　　一、当今的教育现实 ……………………………………… 197
　　二、传统文化与当今教育 ………………………………… 200
第十章　教育的进步在于"克服焦虑＋不断学习创新" …… 205
　　一、芬兰教育为何屡屡全球第一 ………………………… 205
　　二、王阳明家训：教育孩子，只在这三件事 …………… 209
　　三、中国最需要教育的不是孩子，而是孩子他爸！ …… 211
　　四、毁掉你女儿的七种教育方式 ………………………… 214
　　五、李玫瑾教授的"育儿经" …………………………… 219
　　六、父母的素质决定孩子的一生 ………………………… 224
参考书目 ………………………………………………………… 227
后　　记 ………………………………………………………… 228

第一章　问题与当下的教育

在子女成长过程中你遇到过什么问题？
你知道问题都来自哪里吗？

在世生活六十载，经历了"文革"风雨，巧遇了改革开放，面对生活、工作、子女教育、老人抚养等问题，可以肯定地说，没有问题的生活是不存在的生活，没有问题的工作是看不到希望的工作，唯有问题来了，不怕问题、面对问题、欣赏问题，我们的生活、事业才充满激情、充满活力、充满能量。这才是我们真正的生活啊！

一、什么是"问题"？

从说文解字上说，"问题"一词，有这样几层意思：
①要求回答或解答的题目；
②需要解决的矛盾、疑难的事情；
③一些事故和麻烦的事情；
④关键、要点；
⑤欠思考、不易被接受的事情；
⑥对生活、工作、心态等造成应有状态与现有状态之间存在差距的各种影响因素。

所谓"问题"，就是个体不能用已有的知识、经验直接加以处理并因此而感到疑难的情境出现。例如，"用六根火柴搭出四个等边三角形，三角形的边长等于一根火柴的长度，如何搭放"？这就是一个问题。在孩子步入青春期后，突然性格大变、烦躁不安，相互间沟通不畅，有时间上不好对接的问题，有情绪不顺的问题，做家长的真不知如何是好。孩子上大学后，又面临着想出国深造但费用过于昂贵的问题。在问题交织不断的情形中孩子一天天长大成人了，所以说问题伴随着我们成长的每一个关口和时段，是问题成就了我们当下的自己。至于什么是问题，要下一个准确的定义并不容易。心理学家邓克尔曾认为，当有机体具有一个目标但并不知道怎样达到这一目标的时候，就产生了问题。梅耶也认为，当某人想让某种情境从一种状态转变为另一种不同状态，而且某人不知道如何扫除两种状态之间的障碍时，就产生了问题。

对学生来说，能不能学好功课，能不能考出好成绩，能不能健康成长，这些是学生阶段的主要问题。对教师来说，怎样提高教学水平？使学生考出好成绩就是当务之急的问题。对家长来说，把孩子培养成自己想要的结果就是当下最紧迫的问题。现实中又能有几人确实达到了内心想要的理想目标？又有几人解决了想要解决的悬而未决的问题？可见问题永远存在，每一个问题解决之后又会出现新的问题，这就是这个美妙世界的一个装扮，这就是人类这个特殊的高级动物的一次又一次修饰。一言以蔽之，问题是推动事业成功的动力，是推动人类发展的力量源泉。凡有人生活的地方都有问题存在，一切问题都来源于需求。

马斯洛需求层次理论是人本主义科学的理论之一，由美国心理学家亚伯拉罕·马斯洛在1943年的《人类动机理论》一书中提出。书中将人类需求像阶梯一样从低到高按层次分为五种，依次是：生理需求、安全需求、社交需求、尊重需求和自我超越需求。

当一个人饥饿难忍时，他一心所想的就是如何寻找食物，而不会顾及其他事情。在这个时候，其他需求无论是安全感也罢，爱欲也罢，或争强好胜也罢，都显得无关紧要。然而当他对食物和水的需求已经获得满足之后，该需求就不再位居中心地位，而其他方面的需求就可能变得更为重要。这些现象为一个关于人类动机的理论提供了部分事实依据，该理论就是马斯洛提出的需求层次理论，如图1-1所示。

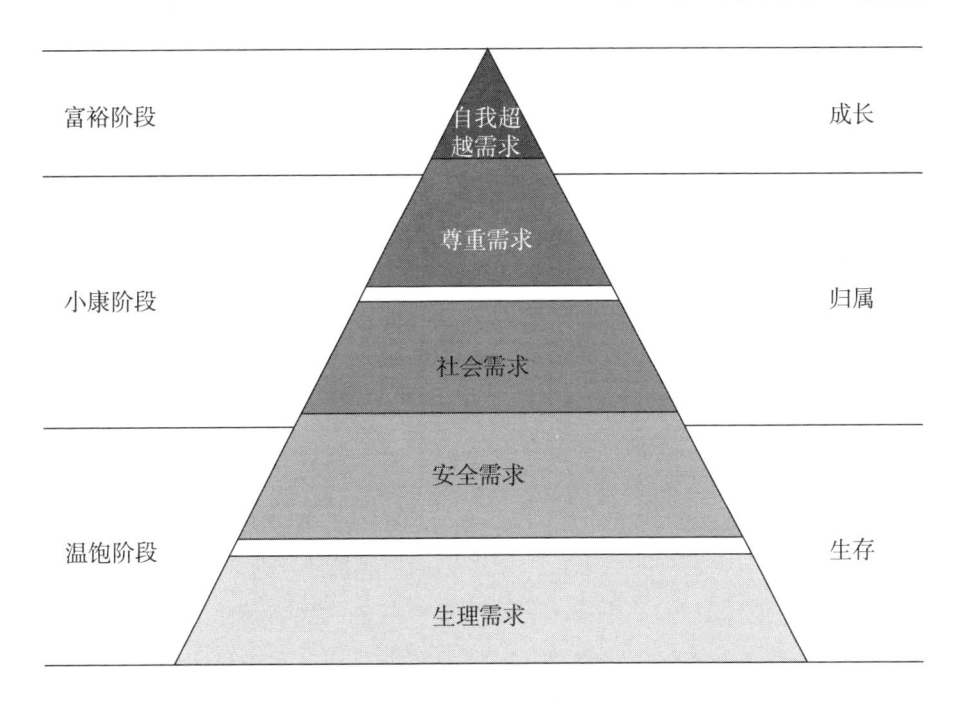

图 1-1 马斯洛需求层次理论（1）

马斯洛认为人的一切行为都是由需要引起的，他把人类所有需求划分为5个层次，从生理需求、安全需求、社会（归属和爱的）需求、尊重需求，一直到自我实现需求，从低级到高级依次排列为阶梯状，且每个层级都有其相对固定的因素所指，如图1-2所示。

图 1-2 马斯洛需求层次理论（2）

①生理需求，即人对食物、空气、水、性和休息等的需要。它是人类最原始、最基本、最本能的需求。在这里要注意的是"性"和"休息"，"性"是一种成长的能量，"休息"是为生命进行充电保持状态的重要过程。生理需求没有任何的刻意和主观意志，是天地造人所设定的一种自然规律和道理。

②安全需求，是人对生命财产的安全、秩序、稳定，免除恐惧和焦虑的需要。这是人在生理需求获得相当程度的满足之后，随之而来的新的需求。这种需求主要是免于生命危险，避免基本的生理需求被剥夺。也就是一种很好的自我保护机制，也是天性使然。安全感是自信的基础，如果一个人安全感缺失，整天生活在自卑、无力、惊恐状态之下，那他的一生也将是痛苦的一生、不安的一生，甚至出现"情感情绪的抑郁"状态。

③社交（归属和爱）的需求，是人要求与他人建立情感联系，如结交朋友、追求爱情的需要。在前两个层次的需求得到基本满足之后，归属关系和爱的需求遂成为强烈的动机，即希望归属或被赋予一定的社会团体，成为群体中一员。爱也是一种归属，也是一种能力和能量，包括爱与被爱两个方面。没有爱的生活是冰冷无感情的生活，没有归属感就不会抱团取暖，清冷地生活，人性会被泯灭。

④尊重的需求，包括自我尊重与被他人和社会尊重。这种需求若得到满足，就会感受到自信、价值和能力，反之，则会产生自卑和失去信心。尊重是靠努力打拼出来的，是在完全接纳自我的基础上赢得的一种心灵丰盛美满的体验。

⑤自我实现的需求，是指人最大限度地发挥自己的潜能，不断完善自己，实现自己理想的需要。这是一种最高层次的需求，是充分发挥个人的潜能、才赋的心理需求，也是一种创造和自我价值得到实现的需求。所谓"自我实现"即追求自我理想的实现。用马斯洛的话来概括就是：音乐家必须演奏音乐，画家必须绘画，诗人必须写诗，这样才能使他们感到最大的快乐。是什么样的角色就应该干什么样的事。我们把这种需求叫作自我实现。

总之，马斯洛认为，需求的层次越低，它的力量越强，潜力越大。随着需求层次的上升，需求的力量相应减弱。在高级需求出现之前，必须先满足低级需求。只有在低级需求得到满足或部分得到满足以后，高级需求才有可能出现。例如，当一个人饥肠辘辘，或为自己的安全而感到恐惧时，他是不会追求归属或爱的需求的。因此，在从动物到人的进化中，高级需求出现得较晚。所有生物都需要食物与水分，但是只有人类才有自我实现的需求。

在需求层次理论中，一是生理需求，二是安全需求，三是归属与爱的需求，四是尊重的需求。等到这些低一级的需求得到满足之后，人就会进入自我实现的需求，自我实现作为最高级的需求有两层含义：即完整和丰满的人性的实现以及个人潜力特性的实现。前四种需求的产生是因为身心的缺失，因此是缺失性需求，一旦满足后其强度就会降低，也就是说当一个人解决温饱问题之后他对食物和衣服的需求不只是吃饱和穿暖，他想要吃得有营养，穿的有风度，以此赢得别人赞美和尊重，进而追求更高一级的需求。但最后一种自我实现的需求属于成长需要，它的特点是永不满足，因为自我实现没有界限。

需要注意的是，这些需求不仅有高低层次之分，更有顺序之分，需求是脚踏实地，一步一步前行的。只有低层次的需求满足了才会产生更高层次的需求。所以我们应该明白，要想走向人生巅峰，先要满足自己的基本需求，连温饱都没有解决的人讨论自我实现的问题是没有意义的，因为他们没有达到追求更高层次的条件。先要自信自爱、受人尊重，才能追求人的最高需求即自我实现。现实生活中由于种种原因，只有极少数人可以达到自我实现的境界。

对照马斯洛需求层次论的每一个层级不难看出，家长对子女教育的需求就是为了满足尊重和自我价值实现的需求，这不仅是对家庭教育价值观的估量也是对自身体验的总结。所以说，针对孩子的教育问题，家长最关注的是孩子将来成为什么样的人的问题，这也是家长为什么给孩子增加那么多压力的主要原因。

国人的需求调查：生理需求——饮食、睡眠、健康，家长关注最多的问题是你饿不饿；安全需求——和平、秩序、稳定，家长关注最多的问题是你吃饱了吗；爱和归属的需求——友情、爱情、亲情，家长关注的是晚上回家给你煮面好不好；尊重的需求——自信、自尊、成就，家长关注的问题是你要不要再加个菜；自我实现的需求——信仰、创造、审美，家长关注的问题是今晚你想去哪里吃。一切为了孩子的胃，这能有错吗？如果说有问题，问题出在哪儿了？问题出在家长关注的其实就是一个最低级的层面，所以说，"种庄稼，光靠爱不行，只有懂才有好收成；教孩子，只有爱不够，只有懂才有好未来。"

作家刘同说："做一个努力的人好处在于，人家见了你都会想帮你。如果你自己不做出一点努力的样子，人家想拉你一把，都不知你的手在哪里。"

是的，每个人都无法选择自己怎么出生，怎么长大，但是在长大之后却可以选择是前进还是退缩，是勇敢还是怯懦，是努力还是懒惰，是面对还是逃避，是坚持还是放弃。

在一个天色灰暗的午后，街道上行人很少，你独自行走在一条旧式的老街上，你内心忐忑对独处的境况很不安。突然，在你猛抬头的那一刹那间，你看到了一只曾在童话中看到的大灰狼正睁大眼睛，张牙舞爪地逼近你，此时此刻，你会下意识地做何反应？

这是我常常在讲课中讲到的一个无意识选择题。答案：①撒腿就跑，但跑不了多远就摔倒；②被吓傻晕倒死过去（木僵状态）；③没有退路，战斗吧，兴许有希望；④原地不动，看看能不能与狼共舞。在此每一个选择都代表你的潜意识是如何应对突发问题的。

此刻，我们要记住人生没有一帆风顺、百事不求人的理想状态。生活中的每一步的陪伴都是努力，努力到无能为力，拼搏到感动自己！

只有不断努力，生活才会一点点变好。孩子的教育同样如此，面对问题、解决问题、欣赏问题，就不会被问题吓倒，问题就会成为走向成功高地的阶梯。

二、我们所遇到的危机是什么？

经济趋势研究专家时寒冰曾说："全民所面临的最大危机，不是房地产，不是金融……"引起很大震动。

在《时寒冰说：未来二十年，经济大趋势》这篇文章中，时寒冰对未来的全球格局和大趋势做了预测，重点强调了新兴经济体所面临的前所未有的大危机。

中国当下所面临的最大危机是：人性危机。

朋友转发的一段视频：一个壮年城管，一个弯着腰的沧桑老人。城管想拉走老人的三轮车，老人一次次努力地挣扎着去抢，每次都被壮年城管一脚踹倒在地。老人无助地挣扎着，爬起来，再被踹倒……旁边是一群冷漠的看客。

我们心中不由地涌出一阵悲凉。就算是执法，也应该文明执法吧！城市的面貌再美，有人的生存重要吗？这样一位年迈的老人，他原本应该可以靠领取养老金生活，而不必在寒风中靠这辆破旧的三轮车赚取那一点可怜的生活费。这么大的岁数，仍然挣扎着为生计努力，而不是去乞讨，而不是像那些养尊处优的人那样悠闲地享受生活，这样的生命卑微但值得尊敬。

当然，这个城管也只是一个个例，他不代表群体素养，同时我们也不得不说，有些商贩也不是非常配合城市文明秩序的治理工作的，所以，我们无论对社会还是对教育都不可一概而论，以偏概全。

再看看那些被碰瓷的人，再看看那些因搀扶倒地者而被讹诈的人……这个社会，有一个越来越显著的特点："杀善"！

民间"杀善"，法律亦"杀善"。因搀扶跌倒老人吃官司的彭宇、因反抗暴力强奸致使歹徒死亡不仅不被奖励反被判刑的弱女子……善良的人，越来越不敢付出善心，冷漠的人越来越大行其道……当这种现象越来越普遍，就演变成了巨大的危机——人性危机。

那么，这种危机从何而来？

微信及网络上广传一篇微文《我们消灭了贵族，却剩下了流氓》，在该篇散文中我们便可看到为何几千年的文明大国，在近代突然间短时间内人性变得如此危机。

于是，流氓文化取代了贵族文化，在流氓文化取代贵族文化的过程中，欺凌弱者、贪图小利、欺诈、胆小怕事、不敢担当、幸灾乐祸……开始成为一个社会的主流。

回过头来看，假如那位城管身上，有一点点贵族精神，他会以那样残忍无情的方式对待一位在寒冬中自食其力谋生的老人吗？那些无聊的看客会无动于衷地欣赏强者凌辱弱者而一言不发吗？能够那么坦然地看着一位自食其力的老人为活命而努力挣扎吗？

中国现在面临的最大危机是人性危机，中国人需要找回我们祖先身上曾有的贵族精神：自信、诚信、勇武、博学、彬彬有礼、有爱、敢担当……

当下之当下，唯有人性的回归，中国才有希望！

以微笑面对生活中的每一天，说明你的心是阳光积极的；以努力付出来回报国家给你的恩赐，说明你是知恩图报、乐于施舍、勤奋拼搏的；以极大的感恩和智慧来应对子女成长教育的每一个问题，说明你是有理想、有抱负、有目标追求的。

不知你是选择怎样的状态迎接每一天的到来呢？

三、教育危机的深层根源

教育危机深层根源是，只注重学习和成绩而忽略了学生的养成教育。

中国教育自从废除科举制度以来，与文化及制度的其他诸方面一样，走上了一条被动的现代化历程，尽管有无数的人为其做出了极大的贡献，但中国教育面临的问题和困境，却是全方位的，有的甚至是灾难性的。现行的教育制度效率不高暂且不论，在其行政决策、校长任命、学校管理、考试制度、评价系统、经费拨给及运用等方面都存在非常多的问题。诚如联合国教科文组织《教育展望》主编扎古尔摩西所言，"教育制度往往具有排他性、闭关自守和缺少自我批评的特点"。问题的实质还是教育目的观的陈旧偏颇，忽视个人利益，缺少对个人价值的尊重，用整体利益来巧妙地代替个人利益，等等，这都足以使中国教育举步不前。不仅如此，我们经常看到老师用无所不用其极的手段惩处学生，充分显示了他们超凡的"想象力"，虽然他们也能拿出自己的"理由"。许多教育法规形同虚设，这也是某些人将法律视为玩具、任意解释法律、司法腐败等一系列法律工具主义做法的总爆发。

无论是幼儿教育、小学教育还是中学教育，无论是家庭教育、学校教育还是社会教育，都存在资源竞争的问题，导致出现的问题不是知识学习培养的缺失，而是成长中的道德品行教养的缺失。

什么是教养，教养就是指教育培养一般的文化、道德修养。"教养"，中国古时《三字经》就提到了，指的是人从小就应该习得的一种规矩，待人接物处事时的一种敬重态度。特别指出，人若没有教养，便是家长、老师的失职。家长是孩子的第一任老师，对孩子的成长有潜移默化的影响。

教师是人类灵魂的工程师，是太阳底下最光辉的职业。老师就像蜡烛，燃烧自己，照亮别人。老师是真正推动社会进步的精神巨匠，他们用柔弱的双肩承载着民族腾飞的希望，传播着社会进步积蓄的能量：科技、理念、信仰！

教师本身具有传承文化，引领社会风尚，维护社会基本价值和社会正义，承担"社会良心"的使命。教师要"自尊自律，清廉从教，以身作则"。教育不仅是智育，更是德育，只有身正才能为范。因为"师者也，教之以事而喻诸德者。"（《礼记·文王世子》）在中国向来有"经师易遇，人师难求"之说。教师的德行人格不仅是教育工作的前提，而且是教育工作的内在要素，会对学生的人生价值观、行为和人格产生潜移默化的影响。因此，教师有义务传承中华优秀传统文化。

因为学习中华优秀传统文化可以促进教育养成的实现，具体体现在以下四个方面。

①学习中华优秀传统文化可以开发孩子智力潜能，培养儿童记忆能力和语言学习能力。幼儿时期是孩子智力和记忆能力发育的关键时期，孩子如果在这一阶段通过学习经典古籍和诗歌，如《弟子规》《三字经》等，可以有效地帮助他们进行智力和记忆力方面的开发。有实验表明，通过学、诵、读经典，他们的识字能力也会明显提高，识字量明显要超过一般的小孩。在学习和朗诵古典文学经典的同时，孩子也学习了优美经典的文字、文章。孩子既学到了"语"又学到了"文"，两者融为一体，为孩子

今后的学习打下了良好的基础，也培养了孩子良好的阅读意识、阅读兴趣和阅读习惯。

②学习中华优秀传统文化可以培养孩子养成良好的思想品德。中国传统文化中有很多宝贵的教人怎样做人做事的道理："人不知而不愠，不亦君子乎？""三人行，必有我师焉""凡出言，信为先"……孩子在诵读这些朗朗上口的语句时，不仅能够识字认字，更是在潜移默化中学习了中国传统文化及其中饱含的美德，进而培养良好的人文素养、心理品质、道德品质和人生修养。

③学习中华优秀传统文化可以让孩子养成好的行为习惯。当前，大多数孩子都是独生子女，由于家庭的宠爱、家长的疏忽以及社会环境的影响，使现在许多孩子养成了不良的行为习惯：自理能力差，依赖性强，心理不成熟，缺乏坚韧不拔的意志，任性，我行我素，不顾他人感受，自私狭隘……而在《弟子规》《论语》《孟子》《道德经》等先贤的著述中的大多经典恰恰给出了解决这些问题的方式、方法。

④学习中华优秀传统文化可以使孩子丰富文化知识，增长见识。古人曾说，读书破万卷，下笔如有神；立身以力学为先，力学以读书为本。而学习中华优秀传统文化，可以在学习常规文化知识之外，拓宽孩子的知识储量，增加孩子的见识。这为孩子的写作打下了良好基础，提高了孩子的学习能力，也有助于孩子学习兴趣的培养。俗话说：腹有诗书气自华。学习中国传统文化也有利于培养孩子的自身气质，增加孩子的自信。

中华传统文化在5000多年的发展过程中，形成了以爱国主义为核心，团结一致、爱好和平、勤劳勇敢、自强不息的伟大民族精神。自古以来，中华民族的优秀文化就深深熔铸在以爱国主义为核心的团结一致、爱好和平、勤劳勇敢、自强不息的伟大民族精神之中。所以说，传承民族文化精髓是养成中华民族性格的根基。学习传统文化对国家民族立场上的统一意识、为政治国理念上的民本要求、社会秩序建设上的和谐意愿、伦理关系处理上的仁义主张、事业追求态度上的自强精神、解决矛盾方式上的中庸选择、个人理想追求上的"修齐治平"、社会理想追求上的"小康大同"等都有不可估量的现实意义和历史意义。

孩子是国家的未来，国家的希望。少年强则国强，少年智则国智，少年独立则国独立。好的教育方式会影响孩子的一生，他（她）对人对事都是善良的、阳光的、积极向上的；反之他（她）会是黑暗的、充满恐惧的、敌对的、不健康的。

如今的教育，已逐渐被一种"产业化"思想包围，教育几乎沦为了消费场所。这对中国教育的打击极大，污染了教师这个职业。教育就是教书育人，是单纯培养人才的地方，校园理应是社会最干净的场所。但是"产业化""功利化"的教育带来的后果是，经济活了、教育却死了。乱收费、教育不公、资源浪费，教师"择木而栖"，却忽略了教学质量，种种不良的后果都是商业性膨胀带来的副作用。

以前，一些教师法律法规观念较淡薄，一些教师凭借自己的权威，对学生进行体罚，然而随着《教育法》《教师法》《未成年人保护法》等法律法规的出台，作为当下的教师，应该熟悉相应的法律法规，懂得哪些法律"红线"不能触碰，也要懂得尊重学生、爱护学生，而不是触碰"红线"，违反相应的法律法规，对学生进行体罚。

事物都有两面性。不可否认的是严师出高徒，在我国古代教育思想，尤其是禅宗的教育思想中，"当头棒喝"对人的警醒教育作用曾经得到过特别强调。

从教育史的角度看，惩罚作为一种教育手段或教育方法是具有正面教育意义的。因此，我们不宜简单、绝对地将惩罚与教育上的不民主、对学生的摧残等行为画等号，应该找到惩罚中合理的成分，合理地使用惩罚，达到教育学生的目的，传统教育中戒尺就是专门用来进行惩罚教育的。

如果说社会伦理中，杀人偿命、欠债还钱是天经地义，那么教育伦理中，违反校规、班规、家规，对其进行惩罚也是合情合理。惩罚体现了社会正义公平，也是教育的公理。成人犯罪要刑罚，学生犯错要惩罚。因此，惩罚是合理的教育方式，也应该是合法的教育手段。否则，违法不究，违规不罚，一味地宽容，情理何在？如果没有刑罚、惩罚措施作为保证，任何法规都是形同虚设，废纸一张。

我们都认同一个道理——没有爱就没有教育。同样道理，没有惩罚也没有教育。没有惩罚的教育就像老太太烧香,心到佛知!安慰自己罢了!现在的教师经常抱怨学生难管,究其原因,不敢惩罚与不会惩罚是一个很大的因素。

赏罚分明向来是治军良策,对于学校的教育管理也是一样,只不过学校的惩罚要适合学生的身心特点。如果说赏识教育是肯定优点、鼓励进步,那么惩罚教育就是否定缺点、改正错误。人非圣贤,孰能无过?尤其是孩子,中小学生辨别是非的能力弱、自控能力不强,更是难免犯错误、养成坏习惯。惩罚是为了改正错误和改掉坏习惯而设置的。我们要相信孩子在经过惩罚之后,能够吃一堑长一智。犯了错误,就要承担后果,这是对他人负责,也是对自己负责。

这里惩罚不是所谓的暴力、体罚,是让学生亲历道德体验。让学生用自身的行为来体验违纪的后果,把道德教育落到实处。

教育心理学表明,学生认知、态度、观念无外乎来源于直接体验和间接经验,往往是通过观察他人的行为表现方式及行为结果间接获得。所以在法律框架内进行的惩罚教育,是让其他人知道在学校里哪些可为哪些不可为,从而内化于自己的潜意识中,不致再犯类似错误。这样的惩罚教育维护了制度的威严,最大程度保证了集体目标的实现,是一种很好的养成教育。

而如今媒体爆出的问题不是惩罚教育,是一种赤裸裸的体罚、暴力。一些老师的确是爱之深,才会恨之切,但也有一些老师只是为了发泄自己心中的怨气,对学生进行体罚。回想下,西安一幼儿园疑用针扎多名幼童、北京红黄蓝幼儿园使用针状物先后扎伤4名幼童、山西运城明远小学老师体罚学生事件等,这些无不体现出一些老师"野兽"行为,结果让孩子身心都受到一定的伤害。

体罚学生看起来能够获得短暂的效果,学生达到了老师心目中的状态,但最终效果肯定不理想。须知,体罚学生是最低级的教育方式,表明的是一个老师的粗俗和无能。作为接受了高等教育的老师,竟然对弱小的学生进行体罚,实在是教育的耻辱。而且老师打学生,看起来仅仅是一个体罚事件,但实实在在侮辱了老师的职业和尊严,是一个老师不开动脑筋、缺乏教育方法和爱心的表现，更是一个老师功利化心态的体现。

不管如何，在笔者看来，学生即使有再大的错误，老师都应该想办法对学生进行教育，体罚学生这根"红线"都不应该被触碰。因此，相关部门要严格管理，对出现这样的事件要下狠心、出重拳，真正做到杀一儆百。同时，也要加强师德方面的培训，对出现师德问题的老师，在参与各种评比时，要"一票否决"。老师自身也要加强学习，提升觉悟，爱护学生，为重塑"老师"这个词而努力。

心理学研究证明，在成长中屡次遭受暴力的孩子，影响其人格的形成和认知度的偏差，影响长大成人后的幸福指数，甚至个别人会成为施暴、犯罪者，有些甚至出现抑郁、狂躁、偏执等精神症状。

四、焦虑的父母养不出成功的孩子！

在《欢乐中国人》的节目中，周一围向观众讲述了一个父亲带女儿骑行游中国的故事。父亲的名字叫齐海亮，像多数父母一样，这位父亲也想过让自己的孩子不能输在起跑线上，在女儿不到两岁的时候就把她送去了幼儿园。年幼的女儿非常不喜欢幼儿园的生活，每天都哭个没完，甚至还有了一些攀比心理，对骑车来接她的爸爸说：别人都是家长开车来接，你以后也开车来接我吧！

这时齐海亮也开始反思，自己的教育方式真的对吗？

经过仔细思考之后，他决定要带着年满4岁的女儿骑行游中国，让自然做孩子的伙伴、磨难做孩子的老师、路上的风景陪孩子成长！

出发时女儿4岁，归来时女儿6岁半，从茫茫大海到秀美丽江，从雪域高原到炎炎戈壁，小女孩渐渐知道了，原来大象那么大、老鼠那么小，原来雪是凉的、海是咸的。有人质疑这位父亲的教育方式，称其耽误了孩子，但齐海亮看到的是女儿一天天欢快地成长！

看了这对父女的故事，看到女儿前后的变化，我突然想起那句话：最美的教育，就是让孩子无拘无束地成长。在游戏中锻炼孩子运动协调能力、表达能力和协作能力，在大自然中完善视觉、听觉、触觉，在欢声笑语中形成健康的心理和成熟的性格、人格。

这些都是课堂学习无法给予的，也是齐海亮给女儿的最好礼物。

2017年的刷屏文章《牛蛙之殇》中，为了能让孩子考入上海四大民办小学，一个妈妈安排他每天进出各种培训机构，超前学习英语和各类知识，甚至还进行从每天到每月的KPI考核。

重压之下，孩子竟然患上了抽动症，而且内心极度自卑。读这篇文章时，我的心情无法形容，孩子才这么小，就已经惶恐到如此地步，怎么面对以后的人生啊？孩子父母也是后悔不迭，在痛定思痛后，决定移民海外给孩子一个慢一点的教育和一个快乐的童年。在孩子身体和认知都不成熟的年龄里，不易接受过重的脑力劳动。如果每天都是去不完的培训班、做不完的书山题海，势必会影响身体的发育和心理的健康成长，甚至导致人格、性格和情商等出现问题。第一届中科大少年班里的三大"天才神童"的堕落轨迹曾让人唏嘘不已，宁铂出家为僧，谢彦波和普林斯顿导师闹翻，干政患上精神疾病。多少孩子赢在了起跑线，却痛苦了一辈子。

在我国的哲学思想中有两个很重要的成语：过犹不及、物极必反，强调凡事必须有个度。但现在的起跑线之争带来的压力，正在突破许多孩子能够承受的度。

我一个亲戚家的孩子就是这样，从小到大，每天的生活基本上就是学习十七八个小时加睡觉吃饭六七个小时。这么努力的效果也很明显，孩子一直是班上的学霸。但有几次，我去她家做客时，孩子会突然在房间里发出一阵吼叫。当时我问：是不是孩子压力太大了。亲戚说：没事，就是做作业做久了，发泄一下就好了。但孩子最终还是出了问题，在高一时开始厌学、拒学，说什么也不管用。无奈之下，亲戚带他去看了心理医生。医生告诉亲戚，孩子在长期的、超负荷的压力下，又得不到充分的休息和娱乐，神经始终紧绷着，最终造成逆反和逃避心理，也扼杀了学习的积极性。为此，孩子休学整整一年。后来，虽然有些好转，但对学习始终提不起神，都是被动应付，最后勉勉强强考上了一个专科学校。到现在亲戚一提及这件事，就后悔当时给孩子的压力太大了。

其实，让孩子通过超越身体和心理负荷换来的领先，并不能维持一生。前不久，由真人真事改编的泰国短片《豆芽儿》触动了很多父母。短片中，小女孩想种植豆芽儿，卖菜的妈妈就鼓励她试试。因为她们没有种植的经验，所以经历了一次次失败，但是失败后妈妈仍然鼓励女儿再试试。她们像玩游戏通关一样，不停地尝试着，终于豆芽儿开始疯长。接着，妈妈问她："我们要不要种点别的？"女孩信心满满地说"我们试试。"他们的家庭虽然不富裕，不能给孩子很好的教育，但是自由宽松的家庭氛围保护了孩子天生的好奇心，为她日后有强烈的欲望去探究世界埋下了种子。最后，女孩从泰国最底层的菜市场走了出来，一步一个脚印地前行，现在已经在瑞典攻读博士，获得 Sarnrak 项目的奖学金，实现了命运的逆袭。

　　人生是场漫长的马拉松，重要的不是抢跑，而是在起点蓄满能量。可见掌握这个度很重要，绝不可杀鸡取卵、急功近利。

　　花无百日红，人无再少年。学业落后了还可以弥补，可是错过了那个成长的阶段，就再也弥补不回来了。很多爸爸妈妈都抱怨现在的孩子不好管，其实不是孩子太难管，而是我们错过了教育孩子的最佳地点以及最佳时机，才使教育效果事倍功半。最好的教育，竟然藏在这个不起眼的地方！可惜 90% 的父母都忽略了……

　　我在做心理咨询的过程中常常遇到焦虑的父母为孩子咨询，其实父母的过度焦虑是导致孩子焦虑的根源。这个事实或许很多家长不会承认，可事实就是如此。

第二章　问题带来了什么

对子女成长教育中的问题你是一个什么态度？
问题给你带来了什么样的变化？

说生活中没有任何问题的人一定是智力出了问题的人，夸大问题的行为一定是问题带来了一些东西。问题能带来什么呢？问题能带来情绪，但情绪并不能解决问题，切记别让情绪拉低你的生活档次，因为那是弱智的选择，相信成为家长的你不会如此吧！

生活中无理取闹的人有之，如果因为孩子教育问题就情绪失控，只会让问题更糟。况且教育问题不是三言两语能够解决的，它需要一个过程和一个氛围，因小失大不值当，这是智慧的家长都非常清楚的问题。如果孩子在学校因为被老师严重体罚，造成孩子心理失衡、情绪异常，作为家长不可能没有情绪，问题是情绪的发泄和不满一定要在一个可以控制的范围之内。在情绪发泄之后要做的事情有三：一是认真思考一下问题的根源在哪里；二是带着问题积极地学习与此相关的常识；三是可以寻求一些智者的帮助和指点。这样一来就比较明确该如何更好地解决问题了，不至于让问题带来更多的负性情绪，因为情绪并不能解决问题，只能使事情变得更糟，甚至不可控。

情绪是什么？情绪就是对一系列主观认知经验的通称，是多种感觉、思想和行为综合产生的心理和生理状态。

曾经，心理学的研究更关注于消极情绪的部分，如恐惧、悲伤、焦虑和它们引起的个人痛苦与社会问题。但积极心理学家们认为，想要过得幸福，想要把事情做得更好，只减少负性情绪是不够的，人们还需要主动地创造积极情绪。

美国心理学界在20世纪90年代末开始了对积极心理学的研究和实验，

倡导在每一个事件的背后发掘积极因素,以此来推动问题的解决。我国从引进西方心理学开始,就有一批专家忙于学习西方的问题探究,从心理学的角度看,好像每个人都有问题,都是问题的客体。于是乎咨询技术层出不穷,加之经济利益驱动,使人对心理学充满神秘感。其实心理学就是人学,就是识人、辨认、洞察问题的方法和技术,中国的传统文化就有深厚的哲理等蕴含在其中。

一、什么是积极情绪

积极情绪是对有机体起振奋作用,对人体的生命活动起极好作用的一种情绪。它能为人们的神经系统增添新的力量,能充分发挥有机体的潜能,提高脑力和体力劳动的效率和耐久力。积极情绪往往由责任感、事业心、期望、奋斗目标、荣誉感等刺激而产生。因此,保持积极情绪的方法就是应尽快使自己具有责任感、荣誉感、事业心,有近期和长远的奋斗目标,并坚持不懈地为实现既定目标去拼搏和奋斗。研究表明,积极情绪可使血液中肾上腺素增加,而这种激素是动员有机体力量的原动力,从而使奋斗者更有力量去达到自己的目的。积极情绪是保持心理健康的重要条件与标志。

许多研究者对积极情绪给出过具体的描述或定义,如罗素曾提出"积极情绪就是当事情进展顺利时,你想微笑时产生的那种好的感受"。

弗雷德里克森认为"积极情绪是对个人有意义事情的独特即时反应,是一种暂时的愉悦"。

孟昭兰认为"积极情绪是与某种需要的满足相联系,通常伴随愉悦的主观体验,并能提高人的积极性和活动能力"。

情绪的认知理论则认为"积极情绪就是在目标实现过程中取得进步或得到他人积极评价时所产生的感受"。

从分立情绪理论的观点来看,积极情绪包括快乐、满意、兴趣、自豪、感激和爱等。

兴趣是指当个体技能知觉与环境挑战知觉匹配时产生的愉悦与趋近感,当情境被评价为安全的、新颖的、改变的、神秘的以及一种困难感时就会引起兴趣；自豪是当目标成功实现或被他人评价为成功时产生的积极的体验。因此，概括地说，积极情绪即正性情绪，是指个体由于体内外刺激、事件满足个体需要而产生的伴有愉悦感受的情绪。

说到积极情绪，人们的第一反应是"快乐"，但弗雷德里克森认为"快乐"是个过于笼统的词汇，不能精确地描绘出人们的感觉。

根据研究，她找到十种人们最常感受到的积极情绪形式，按照人们所反馈的感受频率，从高到低依次为：

①喜悦（joy），②感激（gratitude），③宁静（serenity），④兴趣（interesting），⑤希望（hope），⑥自豪（pride），⑦逗趣（amusement），⑧激励（inspiration），⑨敬畏（awe），⑩爱（love）。

下面就十种积极情绪做一简略说明，以供学习和体验之用。

（一）喜悦

弗雷德里克森认为，当我们感受到喜悦时，我们一般处于这样的情形：一切按照预定的方式发展，结果符合我们的期待，甚至比我们所期待的要更好。例如，和恋人约好去一处地方约会，提前五分钟到，却发现恋人已经等在那里冲你微笑；和好友一起享用了美味的饭菜，并如我们所想的聊了许多有趣的事；等等。

喜悦是一种轻快而明亮的感觉，当我们感到喜悦，我们会感到浑身轻松，甚至周围的事物看起来也更生动、顺眼，我们可能会想加入他人的谈话、对接下来的事跃跃欲试。

（二）感激

当我们意识到他人对我们的付出，我们会体验到感激。比如吃完饭后，伴侣主动承担了洗碗的工作；小摊老板往袋子里多放了一块肉；等等。有时我们感激的对象也不一定是人，也可能是感受到某种事物带给我们益处。比如健康的身体、幸运的际遇、我们爱着的人都还活着，等等。当我们赞赏人、事、物的可贵，感激就出现了。

感激会带给我们"想要付出回报"的冲动,我们会希望对帮助过我们的人做点好事,也可能会想通过帮助他人来把自己受过的恩惠传递出去。感激和"亏欠"是不同的,"亏欠"会强迫我们,让我们觉得必须回报,否则就会不安、自责,而且处于亏欠中的人往往会选择吝惜的方式给予回报——精确地计算怎样的回报是"刚好"的;但感激让我们由衷、自发地给予赞赏和回馈。

(三) 宁静

宁静是一种绵柔、低调、放松版本的喜悦,通常发生在感觉身处安全而美好的环境中。是在经过了漫长的一天,放下手中工作时长长叹了口气的感觉;是手里拿着书阅读,腿上还窝了一只猫时的感觉;是早上醒来,听见风拂过树叶发出响声,而被窝温暖又干燥时的感觉。弗雷德里克森把宁静称作夕阳余晖式的情绪,低调而绵长。宁静会让人们更加需要沉浸在当下,去品味当前的感受。

(四) 兴趣

兴趣是我们在安全的环境中,被一些新颖的人、事、物吸引了注意力时感受到的情绪。我们会被兴趣牵引着,去探索、尝试,去消除神秘、了解更多。兴趣可能出现在我们回家的路上,当我们发现有一家新的饭店开业,我们想尝尝它的味道;当我们阅读一本充满了新观点的书时,我们也会大感兴趣,想把新知识吸纳进来,和先前做比照。

(五) 希望

相比平淡的日常,往往在事情发展对我们不利或者存在不确定性时,我们更容易感受到希望。希望的核心是我们相信事情能好转、好事有可能发生的信念和愿望。即使找工作不顺利、考试失手、身体检查发现了异样,希望仍然让我们隐隐相信:不论现在如何,事情变好的可能性是存在的。

人类的大脑功能让我们拥有了看向未来的能力。但也因此让我们也会

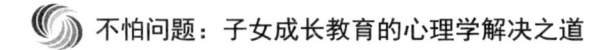

为尚未发生的灾难而焦虑。如果没有希望，我们就可能被对未来的恐惧和绝望淹没。因为相信未来还有可能是好的，我们才愿意继续生存下去。

（六）自豪

自豪是一种被价值感捆绑的自我内心的肯定，一般是积极有希望的情绪和情感反应。当你感觉到自己很有价值时，从里到外就会自然产生一种勇于向前、不怕困难、善于工作的激情和快乐，也就是有时很累但很快乐的感觉。

（七）逗趣

逗趣是一种有意识的积极情绪和情感体验，不仅自己获得积极的状态，同时也把这种积极的状态有机地分享给他人，其实在生活中就是一种幽默而已。逗趣是能量的一个激活点，很不错，给人快乐和愿意的感觉。

（八）激励

激励是一种挑战自我的自觉意识能量，能够调动人的积极性和提高工作效率，不断寻求挑战激励自己。首先要提醒自己，不要躺倒在舒适区。舒适区只是避风港，不是安乐窝。舒适区只是你心中准备迎接下次挑战之前刻意放松自己和恢复元气的地方。其次把握好情绪，人开心的时候，体内就会发生奇妙的变化，从而获得阵阵新的动力和力量。对调高目标、加大难度、超额完成任务有积极的推动作用。

（九）敬畏

敬畏是人类对待事物的一种态度。"敬"是严肃、认真的意思；"畏"指"慎，谨慎，不懈怠"。

敬畏是在面对权威、崇高或庄严事物时所产生的情绪，带有恐惧、尊敬及惊奇的感受，它是对一切神圣事物的态度，敬畏自然、敬畏道德才是根本。

孔子说："君子有三畏：畏天命，畏大人。畏圣人之言。"（《论语·季氏》）

朱熹说："然敬有甚物，只如畏字相似，不是块然兀坐，耳无闻目无见，全不省事之谓，只收敛身心，整齐纯一，不恁地放纵，便是敬。"（《朱子语类》卷12"持守"）

（十）爱

爱是一种包含喜欢在内的情绪情感，是高能级的心理能量。在咨询中我们不难发现，初中男生往往对年轻漂亮的女老师有潜藏的爱，首先爱上她的课，其次很听她的话，此门功课成绩不错，这是一般的规律。所以学生对老师的爱是学习成长最高级别的能量存储。爱做的事就不知疲倦，爱的人就忽略其问题的存在，所以说当爱到发痴发狂的地步，人的价值观、甚至智商就会发生根本性的改变。于是说学会爱、把握爱很关键，且不要唯爱而不认识自己啊！

二、人类为什么需要积极情绪

情绪没有所谓的好坏之别，但情绪具有两面性：积极情绪是从事件整体视角看问题，负性情绪则是从事件的局部视角看问题。它们之间不存在对与错，只是内心认知不同带来的感觉而已。负性情绪也都是有作用的，它们最大的作用是引导我们做出改变的行为，如厌恶带来排斥、愤怒驱动攻击。这些行为能够帮助我们应对环境中的威胁，从而存活下来。

情绪ABC理论是由美国心理学家埃利斯创建的。该理论认为激发事件A（Activating event）只是引发情绪和行为后果C（Consequence）的间接原因，而引起C的直接原因则是个体对激发事件A的认知和评价而产生的信念B（Belief），即人的消极情绪和行为障碍结果（C），不是由于某一激发事件（A）直接引发的，而是由于经受这一事件的个体对它不正确的认知和评价所产生的错误信念（B）直接引起的。错误信念也称为非理性信念。

如图2-1所示，A（Antecedent）指事情的前因，C（Consequence）指事情的后果，有前因必有后果，但是有同样的前因A，产生了不一样的后果C1和C2。这是因为从前因到后果之间，一定会通过一座桥梁B（Belief），这座桥梁就是信念和我们对情境的评价与解释。又因为，同一情境之下（A），不同的人的理念以及评价与解释不同（B1 和 B2），所以会得到不同结果（C1 和 C2）。因此，事情发生的一切根源缘于我们的信念（信念是指人们对事件的想法，解释和评价等）。

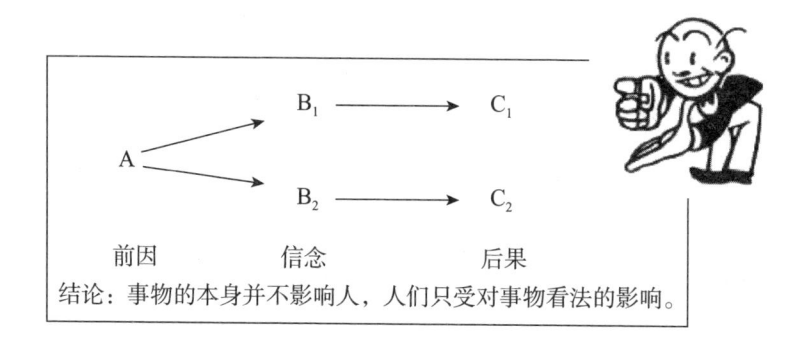

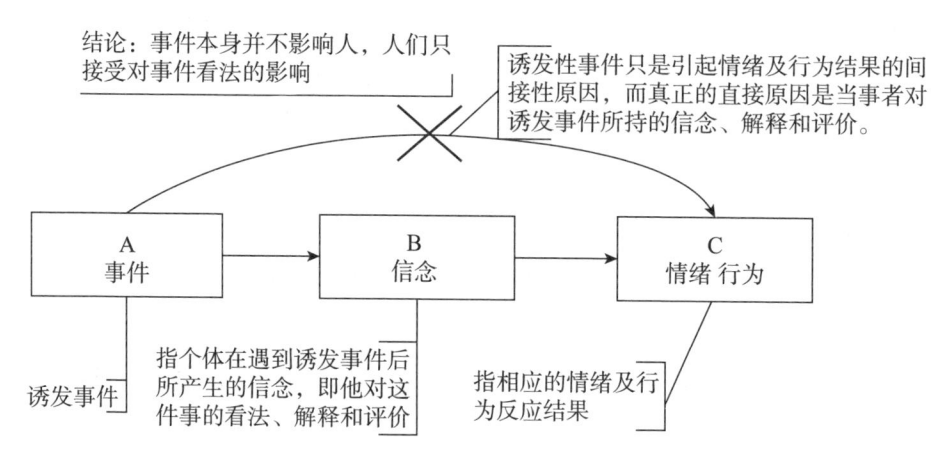

图 2-1　情绪 ABC 理论

情绪 ABC 理论的创立者埃利斯认为：正是由于我们常有的一些不合理的信念才使我们产生情绪困扰。如果这些不合理的信念存在，久而久之，还会引起情绪障碍。情绪障碍是指由于各种原因引起的以显著而持久的情感或心境改变为主要特征的一组疾病。临床上主要表现为情绪高涨或低落，伴有相应的认知和行为改变，可有幻觉、妄想等精神病性症状。多数患者有反复发作倾向，每次发作，大多可缓解，部分可有残留症状或转为慢性。

在情绪 ABC 理论中：A 表示诱发性事件。B 表示个体针对此诱发性事件产生的一些信念，即对这件事的一些看法、解释。C 表示自己产生的情绪和行为的结果。

积极情绪的行为导向很多时候却不是这样的。事实上，当人处于积极情绪中时，他们会更容易"什么都不做"。

积极情绪的力量是一种超乎自我意识的能量和智慧，它能揭示关于这些常常被人忽视的心理状态的迷人事实，以激发人们在他们自己的生活中开始尝试产生这种积极情绪。不要简单地采信我的话，我希望由你们自己去发现，当你更加频繁地自发产生积极情绪时，到底会获得怎样的能量和智慧也只有你知道。兴许你的视野、创造性和工作效率会发生一些意想不到的变化。甚至会影响你与家人、同事甚至是陌生人之间的关系。从长远来说，它甚至会影响你的身体健康、你的幸福感和你的快乐。试着拥抱积极情绪，你定当收获你做梦也梦不到的好处。

现在，位于美国、中国及世界各地的顶尖的研究机构都提供了大量的证据，表明人的情绪会触动和改变人生活中所有的方方面面。当消极情绪束缚他们的时候，积极情绪让人们得以踏上下一个层面的存在状态——达到他们的最佳水平。并且，由于我们每个人所拥有的对自身情绪的控制都远比我们所意识到的要多，所以我们有能力促进我们自己的成长，达到最佳的机能水平。理解关于积极情绪的科学事实，将让我们按照自己选择的方向来掌握和驾驭我们的生活。

但美国心理专家弗雷德里克森提出积极情绪并不产生特定的行为，但它能让我们的认知更灵活、开明，行为更大胆，从而构建和积累更多、更广泛的资源。

弗雷德里克森指出，想要过上欣欣向荣的生活，我们需要足够的积极情绪，这里"足够"指的是积极率——即生活中积极情绪和消极情绪的比率——需要达到3∶1。

3∶1并非随口下的结论，而是弗雷德里克森研究的结果。她招募了188名受试者，用问卷筛选出两组：

一组人生活欣欣向荣，即他们在自我接纳、生活意义、个人成长、人际关系等项目上能得到高分；

而另一组人并没有达到这个标准。

在一个月时间中，他们每天填写积极率自测表。最后，计算这段时间里积极情绪量和消极情绪量的比值，发现欣欣向荣组的平均比值都高于3∶1，而另一组的则低于3∶1。

这说明，美好的生活并不需要清除负性（消极）情绪，我们只是需要更多的积极情绪来冲淡消极（负性）情绪。

积极情绪不只是让我们"感觉良好"，它还能给我们带来切实的积极影响。

（一）积极情绪带来开放和创造性的态度

多伦多的几位科学家让受试者分别处于积极情绪、消极情绪和中性情绪下，并让受试者完成两个任务。

一个任务是让受试者追踪周围的信息，来考察他们视觉注意力的范围；

另一个任务则是考察受试者的创造力，让受试者们根据三个词汇来给出一个相关的词。

研究者发现：当人们感受到积极情绪时，他们的视觉注意范围会上升，在语言任务中也更有创造性。因此研究者认为，积极情绪会让我们变得更开放，也更有创造力——所以积极情绪中，你的学习和工作成绩一定是会更好的。

鉴于积极情绪能让我们变得更开放、更有创造力，当我们面对难题时，可以回想一段快乐的回忆或是接受一个小小的善意，可能更容易会想出有创造性的解决方案。

（二）积极情绪带来积极的人际互动体验

积极情绪会让人们更乐于打破"你""我"的界限，让人们之间感觉更亲密。弗雷德里克森研究了积极情绪对人们和朋友之间关系的影响。

研究者先让大学生用圆圈来表示他们和最好的朋友之间的关系，如图2-2所示。

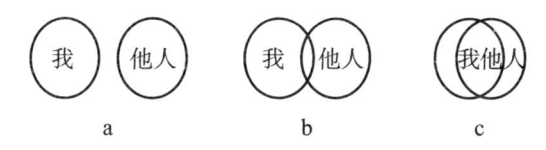

图 2-2　用圆圈表示和他人的关系

接着，研究者给受试者引入积极、消极和中性的情绪，并要求他们再次选择最符合他们和朋友关系的圆圈。

结果显示，处于积极情绪时，人们会觉得自己和朋友交叠的部分更多。带着积极情绪时，人们会觉得和自己生活中重要的人之间的关系更亲密了。

如果我们希望加深和重要的人的链接，我们需要为双方制造出更多有积极情绪的瞬间，此时我们和对方的关系就会更为深入和紧密。

（三）积极情绪具有正面效果循环之功效

积极情绪还能产生正面循环，进一步加深这些正面效果。弗雷德里克森发现，生活中体验更多积极情绪的人：

①可以用更开明的方式应对问题；
②能用更高的角度看待困境；
③并想出许多不同的解决方法。

而这都会提高他们解决问题的可能性，最终又进一步提升人们积极情绪的水平。

三、如何增强积极情绪

如果你感到生活中缺乏积极情绪，那么有一个好消息是：积极情绪可以被创造。而让生活中充满更多积极情绪的方法，是有意识地将积极情绪插入到生活的不同层面。

（一）了解自己的积极率

想要了解自己的积极率，可以做一做"积极情绪自我测验"来检测你当前的积极率。

积极情绪自我测试

你在过去24小时中感觉如何？回顾过去的一天，利用下面的量表，填写你体验到下列每一种情绪的最大量。0＝一点都没有，1＝有一点，2＝中等，3＝很多，4＝非常多。

①你所感觉到的逗趣、好玩或好笑的最大程度有多少？*
②你所感觉到的生气、愤怒或懊恼的最大程度有多少？
③你所感觉到的羞愧、屈辱或灰头土脸的最大程度有多少？
④你所感觉到的敬佩、惊奇或叹为观止的最大程度有多少？*
⑤你所感觉到的轻蔑、藐视或看不起的最大程度有多少？
⑥你所感觉到的反感、讨厌或厌恶的最大程度有多少？
⑦你所感觉到的尴尬、难为情或脸红的最大程度有多少？
⑧你所感觉到的感激、赞赏或感恩的最大程度有多少？*
⑨你所感觉到的内疚、忏悔或自责的最大程度有多少？
⑩你所感觉到的仇恨、不信任或怀疑的最大程度有多少？
⑪你所感觉到的希望、乐观或被鼓励的最大程度有多少？*
⑫你所感觉到的激励、振奋或激动昂扬的最大程度有多少？*
⑬你所感觉到的兴趣、吸引注意或好奇的最大程度有多少？*
⑭你所感觉到的快乐、高兴或幸福的最大程度有多少？*
⑮你所感觉到的爱、亲密或信任的最大程度有多少？*
⑯你所感觉到的自豪、自信或自我肯定的最大程度有多少？*
⑰你所感觉到的悲伤、消沉或不幸的最大程度有多少？
⑱你所感觉到的恐惧、害怕或担心的最大程度有多少？
⑲你所感觉到的宁静、满足或平和的最大程度有多少？*
⑳你所感觉到的压力、紧张或不堪重负的最大程度有多少？

＊题检测的是积极情绪水平，其他题则检测消极情绪水平。

将积极情绪题的分数加总，除以消极情绪题的分数总和，即可得到"积极率"。

如果没有消极情绪，则取1，避免除数为0的情况。

需要注意的是，我们无须太关注单日的积极率，不用强求每天都要超过3∶1，因为情绪在一段时间内会有变化和波动的。只要一段时间内，总体而言有足够的积极情绪即可，所以建议记录一段时间的积极率再做计算。

（二）有意识地关注积极的事物

对处于消极状态下的人而言，消极事件更容易引起他们的注意，结果使得人们更加坚信"生活是痛苦的"。而这时就需要我们有意识地去记住和看到生活中积极的部分。我们可以写一本"积极生活日记"。

长期坚持记录生活中的积极感受，能够帮我们了解日常生活中的事件对我们的影响。长此以往，我们会明白哪些事件能让我们感到更舒服，可以有意识地在生活中多做这类事，增加积极情绪在生活中的比率。

（三）想象你实现了心愿的样子

试着想象一下自己的未来：先想想自己的心愿是什么，并非常详细地将它形象化。研究发现，仅仅通过经常想象自己梦想成真，就会让人有更稳定的积极情绪体验。

尽管还不清楚想象/形象化的作用机制是什么样的，但确定的是，它能让我们将自己的目标和动机与心愿相匹配，在生活中更容易找到和心愿有关的、能促成我们梦想实现的资源和内容。

（四）减少某些制约我们的思维习惯

我们的一些思维习惯阻止了我们感受积极情绪。比如，在感到积极情绪时，我们可能会强烈地试图抓住它，希望它留得久一些。然而这种做法恰恰导致相反的结果：不是削弱了积极情绪，就是制造了焦虑感。我们可以做的是练习对情绪的接纳：顺其自然地对待积极情绪，不带评判地观察它、感受它、任它离开和回来。

此外，另一件很重要的事是：真诚地对待自己的情绪。如果你并没有积极的感受，不必试图伪装它，比如你感到悲伤，不必强颜欢笑。否则，我们会对自己的情绪困惑，搞不清楚到底自己感受到的是什么！这也是为什么会有人觉得"不清楚什么是积极的情绪"，因为他平日里感受到的所谓"喜悦"，只是对痛苦的掩饰。伪装开心久了，就忘了什么是真的开心。因为伪装本身就不是一种真实的情绪体验，而是固着了的一种情绪在做假。

需要提醒的是：如果你感到消极的情绪已经很难自我调节，似乎丧失了感受积极情绪的能力，看什么都觉得不快乐，那么，也许你需要考虑一下求助专业心理咨询师和精神科医生，因为这可能是精神障碍的表现。

四、不可忽略的防御性悲观

防御性悲观是指在过去的成就情境中取得过成功，但在面临新的相似的成就情境时仍然设置不现实的低的期望水平并反复思考事情的各种可能结果。

（一）什么是防御性悲观

有时候适当的悲观能让人们做好充足的准备来应对可以预见的困境，这种未雨绸缪的心态可以让人更好地应对艰难险阻。

防御性悲观是一种预测消极后果并采取相应防范措施的心理策略，也是一种成功的应对策略。

这一应对策略的完整过程包括：悲观预期、心理演练、制订计划和付诸行动。悲观者抱怨风大，乐观者期待风停，而防御性悲观者会调整风帆。

（二）防御性悲观的表现

①防御性悲观者"凡事先往坏处想"，他们把悲观当成是一种管理焦虑的策略，往往通过运用"降低期望""防灾演练"等做法，把关注的焦点转移到防患于未然之上，来消除心中的慌乱不安，并预防了危机的发生。

②故意把注意力集中在所有可能会变糟的事情上，并以此为动力来努

力做到更好。

③擅长妥善地运用负面想法来管理内心的焦虑，进而增加对事情结果的掌控，导引出成功的结局。

（三）防御性悲观的优势

①性格悲观并不全为负面影响，在许多方面，防御性悲观者有着乐观主义者无可代替的优势。

据英国媒体报道，加利福尼亚大学的研究人员从1922年开始就跟踪1216个儿童的生活，调查结果显示，性格乐观的人并不比悲观者更健康。性格开朗乐观的人，长大后容易酗酒、抽烟和冒险，比那些忧郁悲观的人死得早。

②与乐观主义者不同，防御性悲观者犯的错误少些，在问题决策上更谨慎，因而上当少。

③有负性情绪的人想问题更深刻，更具有分析能力，较少依靠直觉，特别是能够在困难时保持清醒头脑。

④适当的悲观能让人们做好充足的准备来应对可以预见的困境，这种未雨绸缪的心态可以让人更好地应对艰难险阻。

⑤防御性悲观可以给人极大的动力，推动人们实现目标。

汶川地震"最牛校长"就是一个典型的防御性悲观主义者。安县桑枣中学以前的实验教学楼建成于1985年，花费17万元，每平方米的造价折合下来才100元，工程质量堪忧，甚至无人敢验收。叶志平从1995年起担任桑枣中学校长，他担心这栋教学楼会垮塌，遂决定花三年时间整修和加固。

一位老教师回忆，叶志平先是拆了楼里的厕所，然后砸了水泥栏杆，换成钢管，最主要的是给教学楼加了立柱，"类似钢结构的，很粗，20多根，直接从一楼通到顶"。

楼体加固的项目很多，前后花费了40万元。当时安县每年教育系统学校维修经费只有17万元，叶就一点点地向教育局要，还不够，他就四处"化缘"。很少有人知道他凭私人关系，向当地一水泥厂要了大量水泥，变现后支付工人工资。

大修之后，叶还不放心。2004年，他到上海参加一个高级研修班，恰逢一座写字楼进行消防演习，他稀里糊涂地参加了。回到学校后，他也想搞一次演习，不过目的是为了防止停电或火灾时出现群死、群伤事件。

即便有人反对、有人麻痹，疏散演习还是被叶坚持下来，每学期至少会有一次。

不过叶始终没想到他的所有安全措施最终经受的是一场大地震的考验。

地震的第一波震荡过后，2200多名师生在1分36秒内全部顺利撤到操场上。这天，加固多年的实验教学楼里坐着700余名学生。

"凭我的专业知识，实验教学楼如不多次加固，在地震中必垮无疑。"叶的儿子断言，而他所学专业是建筑设计专业。

"最牛中学校长"叶志平自从就任校长的那一天开始，千方百计地加固楼房，为的是什么？为的就是防御悲情事件的发生，他做对了，2008年5月12日发生的8.0地震就是最好的考核，真不愧为"最牛中学校长"的光荣称号。

（四）防御性悲观的应用

防御性悲观有其可能产生的负面效应，应用起来要注意下面的技巧：

①只用在重要事项。一旦不分状况，一律使用这种防御性悲观策略，结果不论大事小事，都把自己搞得昏天暗地、耗尽心力的结果反而会顾此失彼、失误连连。

②避免引起误会。不要将自己的负面想法被别人当成批评或对其能力的质疑，避免不必要的人际误会。

③别对外吐露。时常公然吐露心中的焦虑，会让这些负面想法掩盖自己的其他长处。有时，忧心忡忡的负面念头在自己脑中默默进行即可，千万不可对上司开诚布公。

④运用在事前，而非事后。事先可以运用悲观情绪当成策略，如果在事情发生后，频现负面念头会变成绝望的悲观者。

防御性悲观主义者往往会是成功人士，他们对结果的低期望值和现实并不相符，他们只是以此来激励自己做得更好。

当下教育行政部门及各级各类学校都有安全防控和突发事件预案，做到了事前有防范、事中有应对、事后有干预。这就是防御性悲观应用的很好的例证。

（五）防御性悲观的意义

防御性悲观主义对于组织来说也是非常有建设性的。金融巨头JP摩根士丹利公司直面自己所在的标志性建筑最容易招致恐怖主义袭击这一事实，让每个人都认真地参与了逃亡演习。这种未雨绸缪的态度在后来的"9·11"恐怖袭击事件中挽救了许多生命，尽管他们受到了直接袭击，但只有7名雇员丧生。

心理学家警告，悲观必须要适度。过度悲观者将未来视为危机四伏的不归路，判断力又走向了盲目的另一端，他们觉得一切行动都于事无补，因而可能消极应付。持续的悲观也会消耗大量能量。在职场上把弦绷得很紧的人，最好能在工作以外找到让自己完全放松的港湾。不付诸行动的盲目乐观毫无价值，而悲观加上行动、动力和能量却恰恰是人们所说的乐观主义的最高境界。

第三章　情绪的家庭

当问题突发时你会有怎样的一种情绪？

通过情绪把控和调节你会有什么样的变化？

情绪是个体对外界刺激的、主观的、有意识的体验和感受，具有心理和生理反应的特征。我们无法直接观测内在的感受，但是我们能够通过其外显的行为或生理变化来进行推断。意识状态是情绪体验的必要条件。

一、情绪生活

情绪是身体对行为成功的可能性乃至必然性，在生理反应上的评价和体验，包括喜、怒、忧、思、悲、恐、惊七种。行为在身体动作上表现得越强，就说明其情绪越强，如喜会是手舞足蹈、怒会是咬牙切齿、忧会是茶饭不思、悲会是痛心疾首等就是情绪在身体动作上的反应。情绪是信心这一整体中的一部分，它与信心中的外向认知、外在意识具有协调一致性，是信心在生理上一种暂时的、较剧烈的生理评价和体验。美国哈佛大学心理学教授丹尼尔·戈尔曼认为："情绪意指情感及其独特的思想、心理和生理状态，以及一系列行动的倾向。"

情绪不可能被完全消灭，但可以进行有效疏导、有效管理、适度控制。情绪是一把"双刃剑"，无处不在，人的基本情绪有喜，怒，哀，惧。那么情绪对人有什么影响呢？一是积极的情绪可以提高人体的机能，能够促进人的活动，能够形成一种动力，激励人去努力，而且，在活动中能够起到促进的作用；二是消极的情绪会使人感到难受，会抑制人的活动能力，活动起来动作缓慢、反应迟钝、效率低下，减弱人的体力与精力，活动中易感到劳累、精力不足、没兴趣，还会降低人的健康水准。

（一）情绪丰富了生活

真正懂得生活的人，一定是富有情绪情感、有能力驾驭自己情绪的人。

很多时候，学识、财富并带不来生活层次的提高，好的情绪，才是一个家庭最大的福气。当你深陷情绪的泥潭之时，就是在亲手将自己的生活层次一步步拉低。

有些人在工作上不如意，就把低落的情绪带到家里，不仅影响了家人的情绪，连自己的生活质量也要大打折扣。

有些人总是喜欢在鸡毛蒜皮的事上钻牛角尖，本来一笑而过的事情，结果搞得大家总是不欢而散。坏了感情，也连累了自己，即降低了自己的生活水准。

真正懂得生活的人，一定是有能力驾驭自己情绪的人，是情绪的主人。一个朋友曾说，与其像祥林嫂式的不断宣泄情绪，还不如将这些时间花在自己真正感兴趣的事情上，这样不但能从坏情绪里逃出来，还能提升生活品位，甚至走入新的世界。

（二）情绪点缀了人生

有一位很有面子的家长特别关注他9岁孩子的学习成绩，在期末考试结束后，这位很有面子的家长当得到孩子考试成绩平均分97分，班级排名第八的时候很是不满意，于是就暴揍孩子，没想到第二天中午孩子赌气没有回家，接下来得到的消息是孩子出走了，于是全家总动员四处找孩子，在民警的帮助下总算找回来孩子，此后的孩子好像做错了大事一样，失去了曾经的自信和自尊。本来就是一个考试问题，结果酿成了心理障碍问题，所以说问题能带来情绪，但情绪并不能解决问题。

今天所处的时代，女性已经融入社会各个层面，并有着非凡的成绩，女强人就随之诞生了。所有女强人给人的印象是做事勇敢、果断、有超越男人的魄力，一个时期社会上流传这样一句话，凡是女人是老板的企业基本没有不赚钱的，足以说明女强人在社会发展中应有的地位，而那些女强人更是富有激情、情绪饱满。现代社会中，女人扮演着各种角色。在单位，是白领；在家里，是妻子，是妈妈，也是女儿。众多角色的切换，很多时候让女人筋疲力尽、心力交瘁。于是，大多数女人都长期带着情绪，因此，有种说法，说女人是一种情绪化的动物。

但并不是所有女人都如此。总有一些女人，她们能在剪不断理还乱的情绪里，抽身而出，每一天都活得艳阳高照，精彩纷呈。

与普通人相比，虎妈有一项重大本领，那就是随时随地掌控自己的情绪，而不是被情绪所左右，这样的女人是孩子成长中的榜样。而有些虎妈在对待孩子教育问题时，就像对待员工一样呵斥、怒目、挖苦、不留情面。在此需要提醒的是，你如果是虎妈，你需要做的是，在工作中是"领袖"，在家里是"绵羊"，虽然很难，但要做出改变，不然你的孩子会受到伤害，你会真正输在起跑线上的。

家庭是孩子成长的宫殿，这里需要丰富多彩、需要阳光明媚，所以家长要学会改变、学会换装、学会尊重家庭中每一位成员。随着计划生育政策的调整，育龄妇女又有了第二次做母亲的机会，尤其是大龄孕妇身体、心理状态都有一定的危机信号。所以说有必要储备一些应有的健康知识。

如今，女人产后抑郁的越来越多。舆论导向也都一边倒，清一色地指向男人、批判男人，说女人得抑郁症，罪魁祸首是男人。不排除男人里有人渣，有不负责任的，但有些男人还是挺冤的。

周边有一个女性老师，产后没有很好地恢复，在教学工作中又担任班主任，可以说是压力很大，一边是孩子需要照看，一边是学生需要成长，双重压力导致产后抑郁，常常为小学生的淘气、犯错而怒斥、甚至打骂体罚。网上报道的某市一所小学就有真实的事件发生，几乎全班学生都被揍了，有一名小男生被揍后出现了不睡觉、狂吼、激愤等症状，经上海精神检验中心诊断为应激障碍，由此吃上了官司。一贯很温柔、很慈爱的形象失去了，一贯受人尊敬的教师没有了为人师表，这实在是情绪引起的问题啊！所以把握情绪、管控情绪很有必要。

（三）情绪助推了成功

很多人爱上了《那年花开月正圆》里的周莹，说她火辣辣的暴脾气看起来很是酣畅淋漓，敢怒怼公公，智斗土匪窝，调戏沈星移，人们都认为她的成功，就在于敢拼，其实不然，她只是看起来粗野彪悍，实则粗中有细，险中求稳。在丈夫去世后孤立无援的情况下，毅然承担了重振吴家的重任，带领东院所有人冬耕夏耘，同时还做起了生意，凭借独有的经商天赋和韧劲儿，推翻了所有人对她的打击与质疑。

当然，她成功了，人也随着磨难和情绪的历练越来越沉稳了。

赫本说过："人是从挫折中去奋进，从怀念中向往未来，从疾病中恢复健康，从无知中变得文明，从极度苦恼中勇敢救赎，不停地自我救赎，人之优势所在，就是必须充满精力、处处自我悔改、自我反省、自我成长，并非一味地向他人抱怨。"

的确，情绪的力量原本比我们想象的更大。只有那些懂得善待自己的人，才能真正管理好自己的情绪。这样，世界才会善待你！

有一对双胞胎兄弟在 5 岁的时候父亲不幸车祸去世，母亲在他们 9 岁的时候远走他方，临走时对老大说，你要照护好弟弟。20 年之后，老大已是一位企业老板，弟弟却是在监狱里坐牢，当记者采访兄弟两人时，回答是惊人的相似，"这样的家庭，又能怎么样呢？"记者发现老大没有被情绪拉低自己的层次，而是做着更重要的事情；老二被情绪囚住成为悲观、自虐情绪的奴隶，所以结果完全不一样。

肆意泼洒情绪，不是显得自己多么理直气壮，而是层次低的体现。

罗伯·怀特也曾说："任何时候，一个人都不应该做自己情绪的奴隶，不应该使一切行动都受制于自己的情绪，而应该反过来控制情绪。无论境况多么糟糕，你应该去努力支配你的环境，把自己从黑暗中拯救出来。"

生活的高手，从来不会被情绪拉低自己的生活层次！

你可否有做生活高手的打算呢？

（四）情绪激活了智慧

问题常常能引发情绪，而情绪只是一时的爆发性宣泄，它不能解决问题，但也最好不要影响问题的正确解决。只有把情绪融入生活之中，一切才会变得格外有意义。

①没有一劳永逸的开始，也没有无法拯救的结束。我们所要做的便是：该开始的，要义无反顾地开始；该结束的，就干净利落地结束。这就是拿得起、放得下的一种胸怀。

②带着"我不行"的自卑情绪用尽全力支撑着一天又一天的日子，这都是由于自信心缺失、身心能量过低造成的。苦一辈子，但不一定就是受一辈子。

③问题常常能引发情绪，而情绪往往不能解决问题。过于任性的人，遭遇问题的机会就多。问题多就需要你去学习、提升，用问题提升生活智慧。

④我觉得之所以说相见不如怀念，是因为相见只能让人在现实面前无奈地哀悼伤痛，而怀念却可以把已经注定的谎言变成童话。善意的谎言有时候就是一种疗伤。

⑤每个人的一生都有许多梦想，但如果其中一个不断搅扰着你，剩下的就仅仅是行动了。梦想不行动永远是空的，只有行动梦想才是落地的理想。

⑥优秀的人总能看到比自己更好的，而平庸的人总能看到比自己更差的。心灵的成长能够使优秀的人更优秀、平庸的人变优秀。

⑦让自己强大，比有再多的资源都来得实在。不断地为自己充电就是强大的基础。靠努力赚来的，才是真正的财富。

⑧每个人都有自己的难题要解，对待他人，可以以诚相待，但不必寄予厚望。关键还在于自己怎么样，把别人的智慧转化为自己的行为那就是破解难题的灵丹妙药。

⑨老要靠别人的鼓励才去奋斗的人不算强者；有别人的鼓励还不去奋斗的人简直就是懦夫。改变生活习惯，改变沟通模式，给予赞美和尊重，懦夫就会变成强者。

⑩对于有些人而言，财富不是幸福，平凡就是幸福。有时候，幸福无

处可寻，但只有认为自己幸福的人才能享受到幸福。幸福不是拥有多少，而是一种心灵感受。

⑪想得太多，人生只会复杂；说得太多，生命只会外流。好日子不是想出来的，也不是说出来的，是努力做出来的。

⑫不要自卑，你不比别人笨。不要自满，别人不比你笨。做好自己，就是提升自信心、提升生活品质的关键所在。

智慧是人一生成就事业、家庭的资本，要不断开发、拓展，美妙的生活才能天天拥有！

二、情绪管理

人人都有情绪，情绪没有好坏之分，用对地方情绪都是有益的。情绪是一种情感的表达，合理把控就是一种情绪的管理和疏导。

（一）什么是情绪管理

情绪管理是指通过研究个体和群体对自身情绪和他人情绪的认识、协调、引导、互动和控制，充分挖掘和培植个体和群体的情绪智商、培养驾驭情绪的能力，从而确保个体和群体保持良好的情绪状态，并由此产生良好的管理效果。

肖汉仕教授认为情绪管理是指用心理科学的方法有意识地调适、缓解、激发情绪，以保持适当的情绪体验与行为反应，避免或缓解不当情绪与行为反应的实践活动。包括认知调适、合理宣泄、积极防御、理智控制、及时求助等方式。

情绪管理，就是用对的方法、正确的方式，探索自己的情绪，然后调整自己的情绪、理解自己的情绪、放松自己的情绪。

简单地说，情绪管理就是对个体和群体的情绪感知、控制、调节的过程，其核心必须将人本原理作为最重要的管理原理，使人性、人的情绪得到充分发展，人的价值得到充分体现；是从尊重人、依靠人、发展人、完善人出发，提高对情绪的自觉意识，控制情绪低潮，保持乐观心态，不断进行自我激励、自我完善。

情绪的管理不是要去除或压制情绪，而是在觉察情绪后，调整情绪的表达方式。有心理学家认为，情绪调节是个体管理和改变自己或他人情绪的过程。在这个过程中，通过一定的策略和机制，使情绪在生理活动、主观体验、表情行为等方面发生一定的变化。这样说，情绪固然有正面、有负面，但真正的关键不在于情绪本身，而是情绪的表达方式。以适当的方式在适当的情境表达适当的情绪，就是健康的情绪管理之道。

情绪管理就是善于掌握自我，善于自我调节情绪，对生活中矛盾和事件引起的反应能适可而止地排解，能以乐观的态度、幽默的情趣及时地缓解紧张的心理状态。

（二）情绪呈现的状态

情绪的体验有时不以人们的意志为转移，常常受到现实的场景影响而不由自主地发作。人们形成的否定情绪和情感往往只是短暂的，痛苦一阵以后，强烈的体验会随着刺激的消失而消失。

痛苦是最普遍的消极情绪。如果消极情绪、悲观情绪长期压抑不解除，对个人的健康有很大的影响，影响的程度因人而异。所呈现的外在表现就是一种情绪状态。

①"心境"是微弱、持久，具有沉浸性的情绪状态，是较为稳定的持续性状态。

②"激情"是猛烈爆发而短暂的情绪状态，与场景有很大关联，像演员的激情就是随着剧情的进展而展开。

③"应激"是在出乎意料的紧急情况下所引起的情绪状态。这是无意识的状态，有事过之后后悔的自责就属于这种，像激愤杀人、联想报复等都属于这一种状态。

（三）情绪具备的能力

遇到问题需要解决问题，情绪就发挥了作用。一个能够不断学习解决生活、工作和人际活动中问题的人，他的压力少，情绪也比较稳定、成熟；一个乐于运动、关注健康的人，他必定注意饮食、生活和休闲；一个擅长人际交往的人，他具有能包容、互相支持和关爱的态度；一个专注工作创新的人，他会不断求知和学习，不浪费时间，进行有效的时间管理；一个富有生活情趣的人，他的状态一定幽默、风趣和乐观。这都是情绪能量所为。情绪能量主要表现在以下三个方面。

第一，体察自己的情绪。也就是，时时提醒自己注意："我的情绪是什么？"例如，当你因为朋友约会迟到而对他冷言冷语，问问自己："我为什么这么做？有什么感觉？"如果你察觉你已对朋友三番两次的迟到感到生气，你就可以对自己的生气做更好的处理。有许多人认为："人不应该有情绪"，所以不肯承认自己有负性情绪。要知道，人是一定会有情绪的，压抑情绪反而带来更不好的结果，学会体察自己的情绪，是情绪管理的第一步。

第二，适当表达自己的情绪。再以朋友约会迟到的例子来看，你之所以生气可能是因为他让你担心，在这种情况下，你可以婉转地告诉他："你过了约定的时间还没到，我好担心你在路上发生意外。"试着把"我好担心"的感觉传达给他，让他了解他的迟到会带给你什么感受。什么是不适当的表达呢？例如，你指责他："每次约会都迟到，你为什么都不考虑我的感觉？"当你指责对方时，也会引起他负性情绪，他会变成一只刺猬，忙着防御外来的攻击，没有办法站在你的立场为你着想，他的反应可能是："路上塞车，有什么办法！你以为我不想准时吗？"如此一来，两人便开始吵架，别提什么愉快的约会了。如何"适当表达"情绪，是一门艺术，需要用心的体会、揣摩，更重要的是，要确确实实地用在生活中。

第三，以适宜的方式纾解情绪。纾解情绪的方法很多，有些人会痛哭一场，有些人找几个好友诉苦一番，另一些人会逛街、听音乐、散步或逼自己做别的事情以免老想着不愉快。比较糟糕的方式是喝酒、飙车，甚至自杀。要提醒各位的是，纾解情绪的目的在于给自己一个理清想法的机会，让自己好过一点，也让自己更有能量去面对未来。如果纾解情绪的方式只是暂时逃避痛苦，而后需承受更多的痛苦，这就不是一个适宜的方式。有了不舒服的感觉，要勇敢地面对，仔细想想，为什么这么难过、生气？我可以怎么做，将来才不会再重蹈覆辙？怎么做可以降低我的不愉快？这么做会不会带来更大的伤害？从这几个角度去选择适合自己且能有效纾解情绪的方式，你就能够控制情绪，而不是让情绪来控制你！

（四）情绪应用的智慧

位列全美畅销书排行榜的《情绪智慧》（*Emotional Intelligence*）甚至将其与情绪管理画上等号。根据一些心理专家的观点，情绪智慧涵盖以下五个方面的能力。

1. 情绪的自我觉察能力

情绪的自我觉察能力是指了解自己内心的一些想法和心理倾向以及自己所具有的直觉能力。

自我觉察，即当自己某种情绪刚一出现时便能察觉，它是情绪智力的核心能力。一个人所具备的、能够监控自己的情绪以及对经常变化的情绪状态的直觉，是自我理解和心理领悟力的基础。如果一个人不具有这种对情绪的自我觉察能力，或者说不认识自己的真实的情绪感受的话，就容易被自己的情绪任意摆布，以至于做出许多甚至遗憾的事情来。伟大的哲学家苏格拉底的一句"认识你自己"，其实道出了情绪智力的核心与实质。但是，在实际生活中，可以发现，人们在处理自己的情绪与行为表现时风格各异，你可以对照一下，看看自己是哪种风格的人。

2. 情绪的自我调控能力

情绪的自我调控能力是指控制自己的情绪活动以及抑制情绪冲动的能力。

情绪的调控能力是建立在对情绪状态的自我觉知基础上的，是指一个人如何有效地摆脱焦虑、沮丧、激动、愤怒或烦恼等因为失败或不顺利而产生的消极情绪的能力。这种能力的高低，会影响一个人的工作、学习与生活。当情绪的自我调控能力低下时，就会使自己总是处于痛苦的情绪旋涡中；反之，则可以从情感的挫折或失败中迅速调整、控制并且摆脱而重整旗鼓。

3. 情绪的自我激励能力

情绪的自我激励能力是指引导或推动自己去达到预定目的的情绪倾向的能力，也就是一种自我指导能力。它是要求一个人为服从自己的某种目标而产生、调动与指挥自己情绪的能力。一个人做任何事情要成功的话，就要集中注意力，就要学会自我激励、自我把握，尽力发挥出自己的创造潜力，这就需要具备对情绪的自我调节与控制，能够对自己的需要延迟满足，能够压抑自己的某种情绪冲动。

4. 对他人情绪的识别能力

这种觉察他人情绪的能力就是所谓同理心，亦即能设身处地站在别人的立场、为别人设想。越具同情心的人，越容易进入他人的内心世界，也愈能觉察他人的情感状态。

5. 处理人际关系的能力

处理人际关系的协调能力是指善于调节与控制他人情绪反应，并能够使他人产生自己所期待的反应的能力。一般来说，能否处理好人际关系是一个人是否被社会接纳与受欢迎的基础。在处理人际关系过程中，重要的是能否正确地向他人展示自己的情绪情感，因为，一个人的情绪表现会对接受者即刻产生影响。如果你发出的情绪信息能够感染和影响对方的话，那么，人际交往就会顺利地进行并且深入发展。当然，在交往过程中，自己要能够很好地调节与控制情绪，所有这些都需要人际交往的技能。

（五）情绪管理的基本形态

情绪管理的最基本形态有四种：拒绝、压抑、替代和升华。

1. 拒绝

拒绝接受某些事实的存在。拒绝不是说不记得了，而是坚持某些事不是真实的，尽管所有证据表明是真实的。例如，一名深爱丈夫的寡妇在丈夫死去后很久，仍然表现得好像他还活着，吃饭的时候仍然还留着他的位置，给他盛饭。拒绝是一种极端的情绪防御形式。一般人很难纠正它，因

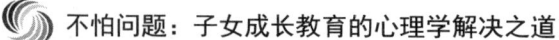

为在心理机能上，它是无法接受外界的帮助的。

2. 压抑

压抑是一种积极的努力，自我通过这种努力，把那些威胁自己的东西排除在意识之外，或使这些东西不能接近意识。和拒绝不同，压抑是一种强压，势必带来一些副作用。压抑在某种程度上是违背人的本性的。当然，也许只有人这种最高级的动物才有能力去压抑。什么叫提高人的修养？提高修养在某种程度上就是进行自我压抑，不能干想干的事，不能说想说的话。修养的提高是付出了人性的代价的。压抑是人在情绪管理中经常运用的。但过分压抑也是有害的，如果不能有效进行疏导的话。我想，宗教之所以能存在，从他的基本功能上就有疏导情绪的功能。任何人都可以通过对神父忏悔、对菩萨悔过来疏导情绪。宗教的确是一方镇静剂，在维护社会稳定上有着不可替代的作用。

3. 替代

替代将冲动导入一个没有威胁性的目标物。在实际运用上，有一种表现形式就是迁怒。如果今天你被你老板骂了，如果你有下属，你很容易迁怒下属。如果你又没有下属可以迁怒，势必会将这种情绪带回家，妻子或丈夫将成为不幸的对象，妻子或丈夫可能又会把它传给孩子，孩子去学校，又会去招惹其他孩子，一通打架后，老师又会叫你到学校，也许你还不明由头。这的确是一个迁怒的恶性循环。怎么找一个好的替代品也许是解决问题的关键，建立一种良性的替代形式既可以使情绪得到有效管理，又不会伤及无辜。

4. 升华

升华是唯一真正成功的情绪管理机制。升华是可怕的无意识冲动转化为社会可接受行为的渠道。例如，如果你把攻击性的冲动直接指向你想攻击的人，那么你将陷入困境。但是，把这些冲动升华为，诸如拳击、足球比赛之类的活动，就可以被接受。在我们的社会中，攻击性的运动员被看成是英雄。拳击比赛之所以这么受欢迎，还在于他不仅仅比赛选手的情绪得到了升华，同时让观众的攻击性情绪也得到了排解，看人打，似乎自己也打过了，气也出了。

总而言之，情绪如四季般自然地发生，情绪产生波动时，个人会表现愉快、气愤、悲伤、焦虑或失望等各种不同的内在感受。如果负性情绪经常出现且持续不断，就会对个人产生负面的影响，如影响日常生活、身心健康或人际关系等。

①日常生活。每个人都有情绪，但人们大都对情绪缺乏必要的了解和关注。消极情绪若不适时疏导，轻则败坏情致，重则使人走向崩溃；而积极的情绪则会激发人们工作的热情和潜力。各种情绪不同程度地影响着人们的工作和生活。只有了解情绪，才能管理并控制情绪，才能发挥其积极作用。情绪管理要求我们要辨认情绪、分析情绪和管理情绪。工作并快乐着，这是情绪管理的目标。

②生理健康。《礼记》中说"心宽体胖"，意思就是心情畅快时，人会越来越胖，而且越来越健康。如果有人跟我们说"您最近怎么面黄肌瘦"，即意味着我们常常情绪低落，茶不思、饭不想，导致脸色愈来愈差，甚至在身体健康上出现状况。这就是心理学上所说"心身症"，也就是心理上生病，如过度焦虑、情绪不安或不快乐，会导致生理上的疾病。另外，据研究指出，一个人常常有负性或消极的情绪产生时，如愤怒、紧张，人体内分泌亦受影响，并导致内分泌不正常，进而形成生理上的疾病。由此可见，时常面带微笑，保持愉快心情，并以乐观态度面对人生，则有助于增进生理健康。

③人际关系。人际关系取决于一个人情绪表达是否恰当。倘若我们常在他人面前任由负性情绪决堤，丝毫不加控制，如乱发脾气等，久而久之，别人会视我们为难以相处之人，甚至将我们列为拒绝往来的"客户"。反之，若常面带微笑、多赞美他人，以亲切态度与别人和谐相处，人际关系自然会逐渐改善，从此人生也变得不那么寂寞、孤独，而且处处有人相伴、共度人生岁月。

（六）6H4AS情绪管理法

6H4AS情绪管理法是用以增加快乐、减少烦恼、保持合理的认知与适当的情绪和理智的意志与行为的一种方式。

一方面，用智慧去打开六种快乐的资源，以便增加快乐、优化情绪，即6H（HAPPY）。

①奋斗求乐；②化有为乐；③化苦为乐；④知足常乐；⑤助人为乐；⑥自得其乐。

另一方面，当陷于苦恼和生气等负性情绪、出现行为冲动时，使用4AS技术来自我管理情绪，以便改变情绪。

A：ASK即反问、反思；S：STEP即步骤。

①值得吗？自我控制！②为什么？自我澄清！③合理吗？自我修正！④该怎样？自我调适！

情绪不可能被完全消灭，但可以进行有效疏导、有效管理、适度控制。

情绪无好坏之分，一般分为积极情绪、消极情绪。由情绪引发的行为则有好坏之分，行为的后果有好坏之分，所以说，情绪管理并非是消灭情绪，也没有必要消灭，而是疏导情绪并合理化之后的信念与行为。这就是情绪管理的基本范畴。

（七）情绪的自我调节

1. 心理暗示法

从心理学角度讲，就是个人通过语言、形象、想象等方式，对自身施加影响的心理过程。这个概念最初由法国医师库埃于1920年提出，他的名言是"我每天在各方面都变得越来越好"。自我暗示分消极自我暗示与积极自我暗示。积极的自我暗示，在不知不觉之中对自己的意志、心理以至生理状态产生影响，积极的自我暗示令我们保持好的心情、乐观的情绪、自信心，从而调动人的内在因素，发挥主观能动性。心理学上讲的"皮格马利翁效应"也称期望效应，就是讲的积极的自我暗示。消极的自我暗示会强化我们个性中的弱点，唤醒我们潜藏在心灵深处的自卑、怯懦、嫉妒等，从而影响情绪。

与此同时，我们可以利用语言的指导和暗示作用，来调适和放松心理的紧张状态，使不良情绪得到缓解的方法。心理学的实验表明，当个人静坐时，默默地说"勃然大怒""暴跳如雷""气死我了"等语句时心跳会加剧，呼吸也会加快，仿佛真的发怒了。相反，如果默念"喜笑颜开""兴高采烈""把人乐坏了"之类的语句，那么他的心里面也会产生一种乐滋滋的体验。由此可见，言语活动既能唤起人们愉快的体验，也能唤起不愉快的体验；既能引起某种情绪反应，也能抑制某种情绪反应。因此，当我们在生活中遇到情绪问题时，应当充分利用语言的作用，用内心语言或书面语言对自身进行暗示，缓解不良情绪，保持心理平衡。比如默想或用笔在纸上写出下列词语："冷静""三思而后行""制怒""镇定"，等等。实践证明，这种暗示对人的不良情绪和行为有奇妙的影响和调控作用，既可以松弛过分紧张的情绪，又可用来激励自己。

2. 注意力转移法

注意力转移法就是把注意力从引起不良情绪反应的刺激情境，转移到其他事物上去或从事其他活动的自我调节方法。当出现情绪不佳的情况时，要把注意力转移到使自己感兴趣的事上去，如外出散步、看看电影和电视、读读书、打打球、下盘棋、找朋友聊天、换换环境等，有助于使情绪平静下来，在活动中寻找到新的快乐。这种方法，一方面中止了不良刺激源的作用，防止不良情绪的泛化、蔓延；另一方面通过参与新的活动，特别是自己感兴趣的活动，达到增进积极的情绪体验的目的。

3. 适度宣泄法

过分压抑只会使情绪困扰加重，而适度宣泄则可以把不良情绪释放出来，从而使紧张情绪得以缓解、放松。因此，遇有不良情绪时，最简单的办法就是"宣泄"；宣泄一般是在私下里、在知心朋友中进行的。采取的形式或是用过激的言辞抨击、谩骂、抱怨恼怒的对象；或是尽情地向至亲好友倾诉自己认为的不平和委屈，等等，一旦发泄完毕，心情也就随之平静下来；或是通过体育运动、劳动等方式来尽情发泄；或是到空旷的山林原野，拟定一个假目标大声叫骂，发泄胸中怨气。必须指出，在采取宣泄法来调节自己的不良情绪时，必须增强自制力，不要随便发泄不满或者不愉快的情绪，要采取正确的方式，选择适当的场合和对象，以免引起意想不到的不良后果。

4. 自我安慰法

当一个人遇有不幸或挫折时，为了避免精神上的痛苦或不安，可以找出一种合乎内心需要的理由来说明或辩解。如为失败找一个冠冕堂皇的理由，用以安慰自己，或寻找理由强调自己所有的东西都是好的，以此冲淡内心的不安与痛苦。自我安慰法，对于帮助人们在大的挫折面前接受现实，保护自己，避免精神崩溃是很有益处的。因此，当人们遇到情绪问题时，经常用"胜败乃兵家常事""塞翁失马焉知非福""坏事变好事"等词语来进行自我安慰，可以摆脱烦恼，缓解矛盾冲突，消除焦虑、抑郁和失望，达到自我激励、总结经验、吸取教训之目的，有助于保持情绪的安宁和稳定。

5. 交往调节法

某些不良情绪常常是由人际关系矛盾和人际交往障碍引起的。因此，当我们遇到不顺心、不如意的事，有了烦恼时，能主动地找亲朋好友交往、谈心，比一个人独处、胡思乱想、自怨自艾要好得多。因此，在情绪不稳定的时候，找人谈一谈，具有缓和、抚慰、稳定情绪的作用。另外，人际交往还有助于交流思想、沟通情感，增强自己战胜不良情绪的信心和勇气，能更理智地去对待不良情绪。

6. 情绪升华法

升华是改变不为社会所接受的动机和欲望，而使之符合社会规范和时代要求，是对消极情绪的一种高水平的宣泄，是将消极情感引导到对人、对己、对社会都有利的方向上去。如一名同学因失恋而痛苦万分，但他没有因此而消沉，而是把注意力转移到学习中，立志做生活的强者，证明自己的能力。

在上述方法都失效的情况下，仍不要灰心，在有条件的情况下，去找心理医生进行咨询、倾诉，在心理医生的指导、帮助下，克服不良情绪。

三、情绪调控

情绪调控就是要把握好当下,在应急事件面前少发脾气。少发脾气不是不发脾气,毕竟人非圣贤,怎么可能一点脾气都不发呢?发了脾气之后要迅速进行情绪处理,这样一来,发这个脾气就值了。

(一)情境转移法

人有五种处理怒气的方法,一是把怒气压到心里,生闷气;二是把怒气发到自己身上,进行自我惩罚;三是无意识地报复发泄;四是发脾气,用很强烈的形式发泄怒气;五是转移注意力,以此抵消怒气。

其中,转移是最积极的处理方法。

对那些看不惯的人和事往往越看越气,不妨离开使你想发脾气的场合。

和谈得来的朋友一起听听音乐、散散步,或者去看一场体育比赛,等等,你会渐渐平静下来。

(二)理智控制法

当你在动怒时,最好让理智先行一步,你可以自我暗示,口中默念:"情绪是魔鬼,天使为你而来"!

"别生气,这不值得发火"!

"发火是愚蠢的,解决不了任何问题"!

也可以在自己即将发火的时刻告诉自己:不要发火!坚持一分钟!一分钟坚持住了,好样的,再坚持三分钟!

两分钟坚持住了,我开始能控制自己了,不妨再坚持一分钟。

三分钟都坚持过去了,为什么不再坚持下去呢?

用理智战胜情感。

或者选择呼吸法调整情绪,暗暗地告诉自己,深深地吸气,尽量把外界大量的氧气吸入自己的腹内,以此滋养心灵、化解愤怒。呼气时尽量把

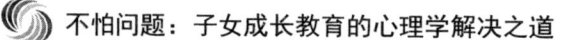

腹内的怨气、不满、愤怒统统都呼出去，随着每一次的呼和吸你会越来越轻松，越来越美好……

（三）评价推迟法

怒气来自对"刺激"的评价。

也许是别人的一个眼神，也许是别人的一句讥讽，甚至可能是对别人的一个误解。

这事在当时使你"怒不可遏"，可是如果过一个小时、一个星期甚至一个月之后，你会认为当时对之发怒"不值得"。

所以在发脾气之前，先想想过后你会不会后悔。

问题总是带来情绪，但情绪不能解决问题。

每一位家长要记住：在子女教育问题上，第一要做的是陪伴、观察、欣赏、画问号？坚决不做师长和裁判员。学会放松技术，就能化解问题、成就自己、帮助孩子。

四、情绪疗愈

合理情绪治疗（Rational Emotive Therapy，RET）也称"理性情绪疗法"，是一种心理治疗方法，是帮助求助者解决因不合理信念产生的情绪困扰的方法。是20世纪50年代由阿尔伯特·艾利斯（A Ellis）在美国创立的。合理情绪治疗是属于认知心理治疗中的一种疗法，故被称之为一种认知—行为疗法。

合理情绪疗法的基本理论主要是ABC理论，这一理论又是建立在艾利斯对人的基本看法之上的。艾利斯对人的本性的看法可归纳为以下五点。

①人既可以是有理性的、合理的，也可以是无理性的、不合理的。当人们按照理性去思维、去行动时，他们就会很愉快、富有竞争精神及行动有成效。

②情绪是伴随人们的思维而产生的，情绪上或心理上的困扰是由于不合理的、不合逻辑的思维所造成的。

③人具有一种生物学和社会学的倾向性，倾向于其有理性的合理思维和无理性的不合理思维。即任何人都不可避免地具有或多或少的不合理思维与信念。

④人是有语言的动物，思维借助于语言而进行，不断地用内化语言重复某种不合理的信念，这将导致无法排解的情绪困扰。

⑤情绪困扰的持续，实际上就是那些内化语言持续作用的结果。正如艾利斯所说："那些我们持续不断地对自己所说的话经常就是，或者就变成了我们的思想和情绪。"

为此，艾利斯宣称：人的情绪不是由某一诱发性事件的本身所引起，而是由经历了这一事件的人对这一事件的解释和评价所引起的，这就成了ABC理论的基本观点。

在ABC理论模式中，A是指诱发性事件；B是指个体在遇到诱发事件之后相应而生的信念，即他对这一事件的看法、解释和评价；C是指特定情境下，个体的情绪及行为的结果。

通常人们会认为，人的情绪及行为反应是直接由诱发性事件A引起的，即A引起了C。ABC理论则指出，诱发性事件A只是引起情绪及行为反应的间接原因，而人们对诱发性事件所持的信念、看法、解释B才是引起人的情绪及行为反应的更直接的原因。

例如，两个人一起在街上闲逛，迎面碰到他们的领导，但对方没有与他们打招呼，径直走过去了。这两个人中的一个人对此是这样想的："他可能正在想别的事情，没有注意到我们。即使是看到我们而没理睬，也可能有什么特殊的原因。"而另一个人却可能有不同的想法："是不是上次顶撞了他一句，他就故意不理我了，下一步可能就要故意找我的岔子了。"

两种不同的想法就会导致两种不同的情绪和行为反应。前者可能觉得无所谓，该干什么仍继续干自己的；而后者可能忧心忡忡，以至无法冷静下来干好自己的工作。从这个简单的例子中可以看出，人的情绪及行为反应与人们对事物的想法、看法有直接关系。在这些想法和看法背后有人们对一类事物的共同看法，这就是信念。这两个人的信念，前者在合理情绪疗法中称之为合理的信念，而后者则被称之为不合理的信念。合理的信念会引起人们对事物适当、适度的情绪和行为反应；而不合理的信念则相反，往往会导致不适当的情绪和行为反应。当人们坚持某些不合理的信念，长期处于不良的情绪状态之中时，最终将导致情绪障碍的产生。

（一）治疗目标

合理情绪疗法的基本人性观认为人既是理性的，也是非理性的。因此在人的一生中，任何人都可能或多或少地具有上述某些非理性观念。只不过这些观念在那些有严重情绪障碍的人身上表现得更为明显和强烈，他们一旦陷于这种严重的情绪困扰状态中，往往难以自拔，这就需要对之应用合理情绪疗法的理论和技术加以治疗。

合理情绪疗法的主要目标就是减少求助者各种不良的情绪体验，使他们在治疗结束后能带着最少的焦虑、抑郁（自责倾向）和敌意（责他倾向）去生活，进而帮助他拥有一个较现实、较理性、较宽容的人生哲学。这个目标包含了两层含义，首先是针对求助者症状的改变，即尽可能地减少不合理信念所造成的情绪困扰与不良行为的后果，这称为不完美目标；另一方面的含义是着眼于使求助者产生更长远、更深刻的变化。它不仅要帮助求助者消除现有症状，而且也要尽可能帮助他们减少其情绪困扰和行为障碍在以后生活中出现的倾向性，这称为完美目标。这一目标的关键在于帮助求助者改变他们生活哲学中非理性的成分，并学会现实、合理的思维方式。

艾利斯等人认为合理情绪疗法可以帮助个体达到以下八个目标。

①自我关怀（自我关怀就是爱自己，也就是给生命加油）。

②自我指导（自我指导就是依据自己的理性逻辑自我修正）。

③宽容（宽容就是放下不应有的情绪和执念）。

④接受不确定性（接受不确定性就是给自己成长空间）。

⑤变通性（变通性就是要适当地改变自己）。

⑥参与（参与就是给确认某种情绪一个良性体验）。

⑦敢于尝试（敢于尝试就是勇于接受新的价值观或者信念）。

⑧自我接受（自我接受就是达成目标的终极点）。

这八个方面特点也是个体心理健康的重要指标。

（二）疗法特点

从整体上看，合理情绪治疗方法有以下两个方面的特点。

1. 人本主义倾向

信赖 RET（实验项目）、重视自己的意志和理性选择的作用，强调人能够"自己救自己"，而不必依赖魔法、上帝或超人的力量。而且从 RET 的人性观中也可以看出它的人本主义倾向。

2. 教育的倾向

RET 有很浓厚的教育色彩，也可以说是一种教育的治疗模式。首先，在咨询原则方面，RET 试图用一套它认为合理的、健全的心理生活方式去教育来访者，比如按学校的作息时间办事就是很好地例证；其次，RET 的治疗过程有很强的教导味道，比如《中小学学生守则》是必需的要求；最后，RET 还专门发展了一套适用于儿童和学校咨询的体系，称作"理性—情绪教育"，旨在帮助孩子提高心理机能水平，解决学习中的各种问题。

在治疗途径上广泛采纳情绪和行动方面的方法。但它更突出地重视理性、认知的作用。这是 RET，也是所有认知疗法的一个最本质的特点。在 RET 的治疗中，总是把认知矫正摆在最突出的位置，给予最优先的考虑。也就是以理性当先，化解情绪，达到教育目的。

（三）治疗过程

1. 诊断阶段

在这一阶段，咨询师的主要任务是根据 ABC 理论对求助者的问题进行初步分析和诊断，通过与求助者交谈，找出他情绪困扰和行为不适的具体表现（C），以及与这些反应相对应的诱发性事件（A），并对两者之间的不合理信念（B）进行初步分析。

其中，求助者遇到的事件 A、情绪及行为反应 C 是比较容易发现的，而求助者的不合理信念 B 则难以发现。求助者不合理信念的主要特征是绝对化的要求、过分的概括化以及糟糕至极等。绝对化的要求是指个体以自己的意愿为出发点，认为某一事物必定会发生或不会发生的信念。因此，当某些事物的发生与个体对事物的绝对化要求相悖时，个体就会感到难以接受和适应，从而极易陷入情绪困扰之中。过分概括化是一种以偏概全的不合理的思维方式，就好像是以一本书的封面来判定它的好坏一样。它是个体对自己或别人不合理的评价，其典型特征是以某一件或某几件事来评价自身或他人的整体价值。糟糕至极是一种把事物的可能后果想象、推论到非常可怕、非常糟糕，甚至是灾难的非理性结果。当人们坚持这样的观念，遇到了他认为糟糕透顶的事情发生时，就会陷入极度的负性情绪体验中。咨询师可以根据上述特征，寻找、发现、准确把握求助者的不合理理念。

这实际上就是一个寻找求助者问题的 ABC 的过程。在进行这一步工作时，咨询师应注意求助者次级症状的存在，即求助者的问题可能不是简单地表现为一个 ABC。有些求助者的问题可能很多，一个问题套着其他几个问题。例如有一位大学生，在一次考试不及格（A1）后变得很沮丧（C1），其不合理信念可能是"我应该是个出色的好学生，这次不及格真是太糟糕了"（B1）。但是他的不良情绪（C1）很可能会成为新的诱发事件（A2），引起他另一种不合理信念"我必须是个永远快乐的人，而绝不应该像现在这样忧心忡忡"（B2），从而导致他更为不良的情绪反应（C2）。

因此，咨询师要分清主次，找出求助者最希望解决的问题。在此基础上，还要和求助者共同协商制定咨询目标。这种目标一般包括情绪和行为两方面的内容，通常是要通过治疗使情绪困扰和行为障碍得以减轻或消除。

咨询师还应向求助者解说合理情绪疗法关于情绪的 ABC 理论，使求助者能够接受这种理论及该理论对自己的问题的解释。咨询师要使求助者认识到 A、B、C 之间的关系，并使他能结合自己的问题予以初步分析。虽然这一工作并不一定要涉及求助者具体的不合理信念，但它却是以后几个咨询阶段的基础。如果求助者不相信问题的根源在于他对事物的看法和信念，那么以后的咨询都将难以进行。在这一阶段，咨询师应注意把咨询重心放在求助者目前的问题，如果过于关注求助者过去的经历，那就可能阻碍合理情绪疗法的进行。

2. 领悟阶段

领悟阶段的主要任务是帮助求助者领悟合理情绪疗法的原理，在达到共情的基础上，使求助者真正理解并认识到以下三点。

第一，引起其情绪困扰的并不是外界发生的事件，而是他对事件的态度、看法、评价等认知内容，是信念引起了情绪及行为后果，而不是诱发事件本身。

第二，要改变情绪困扰不是致力于改变外界事件，而是应该改变认知，通过改变认知，进而改变情绪。只有改变了不合理信念，才能减轻或消除他们目前存在的各种症状。

第三，求助者可能认为情绪困扰的原因与自己无关，咨询师应该帮助求助者领悟，引起情绪困扰的认知恰恰是求助者自己的认知，因此情绪困扰的原因与求助者自己有关，他们对自己的情绪和行为反应负有责任。

咨询师的任务和前一阶段没有严格区别，只是在寻找和确认求助者不合理信念上更加深入；而且通过对理论的进一步解说和证明，更主要的是引入例证和处境鼓励，"其实我们都曾经历过这样的事情，有时候我们的认知水平还不如你现在做得好"。从而使求助者在更深的层次上领悟到他的情绪问题不是由于早年生活经历的影响，而是由于他现在所持有的不合理信念造成的，因此他应该对自己的问题负责。这一阶段的工作可分为以下两个方面。

首先，咨询师要进一步明确求助者的不合理信念。这并不是一项简单的工作，因为不合理信念并不是独立存在的，它们常常和合理的信念混在一起而不易被察觉。例如，被人嘲笑或指责是一件不愉快的事情，谁也不希望它产生，这是一种合理的想法，由此产生的不愉快情绪也是适当的。但同时另外一些信念如"每个人都应该喜欢我，同意我所做的一切，否则我就受不了"也可能混于其中，这是不合理的观念，它会导致不适应的负性情绪反应。因此咨询师要对求助者合理与不合理的信念加以区分。

其次，在确认不合理信念时，咨询师应注意把它同求助者对问题的表面看法区分开来。例如，一位母亲，常因儿子不爱学习、调皮等行为而生气。有人可能认为"儿子不听妈妈的话"是导致她生气、愤怒的信念。但实际上，这只是停留于表面的想法。真正不合理的信念可能是"儿子就应该好好学习，必须听我的话"等一类绝对化要求。因此，在寻找求助者的不合理信念时，一定要抓住典型特征，即绝对化的要求、过分概括和糟糕至极，并把它们与求助者负性情绪和行为反应联系起来。

以下是默兹比提出的五条区分合理与不合理信念的标准。

①合理的信念大都是基于一些已知的客观事实，而不合理的信念则包含更多的主观臆测成分。

②合理的信念能使人们保护自己，努力使自己愉快地生活，不合理的信念则会使人产生情绪困扰。

③合理的信念使人更快地达到自己的目标，不合理的信念则使人难以达到现实的目标而苦恼。

④合理的信念可使人不介入他人的麻烦，不合理的信念则使人难以做到这一点。

⑤合理的信念使人阻止或很快消除情绪冲突，不合理的信念则会使情绪困扰持续相当长的时间而造成不适当的反应。

这一阶段需要做的工作是使求助者进一步对自己的问题以及所存在的问题与自身不合理信念关系的领悟。仅凭空洞的理论性解说难以使求助者实现真正的领悟，咨询师应结合具体案例，从具体到一般，从感性到理性，反复向求助者解说，以实现真正的领悟。在进行这一步工作时，咨询师不能急于求成。有时求助者表面上接受了 ABC 理论，也好像达到了一种领悟，但这很可能是一种假象。因为这可能是求助者希望自己的问题得到及时解决，于是他们或多或少地存在讨好咨询师的心理，希望尽快得到一副"灵丹妙药"。这表明他们仍没有认识到自己应对问题负责任，仍希望依靠外部力量解决问题。要检验求助者是否真正达到领悟，咨询师可以引导求助者分析他自己的问题，让他举一些例子来说明问题的根源。

求助者对自己的问题难以领悟的情况，实际上是在合理情绪疗法中经常会遇到的阻抗。这种阻抗还可能表现在其他方面，从而使咨询师感到咨询停滞不前，陷入僵化的局面。造成这一类阻抗的原因可能来自咨询师和求助者两个方面。一方面，对于咨询师来说，如果他对求助者的问题假定得太多，没有抓住核心问题，或者自己讲得太多，使求助者陷于被动，这都会造成咨询中的阻抗；另一方面，求助者过分关注自己的情绪或诱发事件，没有意识到他现在能做些什么或觉得自己没有能力改变现状，这也是使咨询受阻的主要原因。因此，咨询师应特别注意这些阻碍咨询进程的因素，对其自身的问题努力加以克服；对求助者加以引导，使其从情绪困扰和过去经历的体验中摆脱出来，正视造成这些问题的不合理信念。

3. 修通阶段

这一阶段的工作是合理情绪疗法中最主要的部分。咨询师的主要任务是运用多种技术，使求助者修正或放弃原有的非理性观念，并代之以合理的信念，从而使症状得以减轻或消除。

所谓修通，也就是指工作投入的过程。这一术语与精神分析治疗中的名称相同，但却有不同的含义。在合理情绪疗法中，修通并不是通过情绪宣泄、对梦和躯体症状所做的工作等精神分析治疗的常用技术来实现的。合理情绪疗法不鼓励情绪宣泄，认为这会强化求助者的问题，使其陷入自己的情绪困扰中而不能正视自己的问题。而且合理情绪疗法也把和求助者过去经验的联系限制在一定的范围，不去追究这些经验对他目前的影响。

这一阶段的工作主要是技术性和方法性方面的。咨询师要应用各种方法与技术，修正、改变求助者以不合理信念为中心的行为。

短程焦点咨询技术的介入对修通情绪很有帮助。

五、合理情绪疗法的常用技术

（一）与不合理信念辩论

这是合理情绪疗法最常用、最具特色的方法，它来源于古希腊哲学家苏格拉底的辩证法，即所谓"产婆术"的辩论技术。苏格拉底的方法是让你说出你的观点，然后依照你的观点进一步推理，最后引出谬误，从而使你认识到自己先前思想中不合理的地方，并主动加以矫正。

这种辩论的方法是指从科学、理性的角度对求助者持有的关于他们自己、他人及周围世界的不合理信念和假设进行挑战和质疑，以动摇他们的

不怕问题：子女成长教育的心理学解决之道

这些信念。

这种方法主要是通过咨询师积极主动的提问来进行的，咨询师的提问具有明显的挑战性和质疑性的特点，其内容紧紧围绕着求助者信念的非理性特征。

例如，针对求助者持有的绝对化要求的一类不合理信念，咨询师可以直接提出以下问题："有什么证据表明你必须获得成功（或别人的赞赏）？""别人有什么理由必须友好地对待你？""事情为什么必须按照你的意志来发展？""如果不是这样，那又会怎样？"等等。

对于求助者的以偏概全的不合理信念，相应的提问可以是："你怎么能证明你是个一无是处的人？""毫无价值的含义到底是什么？""如果你在一件事上失败了，就认为自己是个毫无价值的人，那么你以前许多成功的经历表明你是什么人呢？""你能否保证每个人在每件事情上都不出差错？如果他们做不到这一点，那么又有什么理由表明他们不可救药了呢？"等等；针对糟糕至极的不合理信念，相应的问题可以是："这件事到底糟糕到什么程度？你能否拿出一个客观数量来说明？""如果这件可怕的事发生了，世界会因此而灭亡吗？你会因此而死去吗？""如果你认为这件事是糟糕至极的话，我可以举出比这还要糟糕十倍的事，你若遇到这些事情，你又会怎样？""你怎么证明你真的受不了啦？"等等。

咨询师可运用"黄金规则"来反驳求助者对别人和周围环境的绝对化要求。所谓"黄金规则"，是指"像你希望别人如何对待你那样去对待别人"这样一种理性观念。某些求助者常常错误地运用这一定律，他们的观念可能是"我对别人怎样，别人必须对我怎样"或"别人必须喜欢我，接受我"等一些不合理的、绝对化的要求，而他们自己却做不到"必须喜欢别人"。因为当这类绝对化的要求难以实现时，他们常常会对别人产生愤怒和敌意等情绪——这实际上已经违背了"黄金规则"，构成了"反黄金规则"。因此，一旦求助者接受了"黄金规则"，他们很快就会发现自己对别人或环境的绝对化要求是不合理的。

一般来讲，求助者并不会简单地放弃自己的信念，他们会寻找各种理由为它们辩解。这就需要咨询师时刻保持清醒、客观、理智的头脑，根据求助者的回答一环扣一环，紧紧抓住求助者回答中的非理性内容，通过不断重复的辩论，使对方感到为自己信念的辩护变得理屈词穷。

但是，咨询师还不能满足于此。因为他的角色不仅是个辩论者，也是一个权威的信息提供者和合理生活的指导者。这就是说，通过辩论，不仅要使求助者认识到他的信念是不合理的，也要使他分清什么是合理信念，什么是不合理信念，并帮助他学会以合理的信念代替那些不合理的信念。当求助者对这些信念有了一定认识后，咨询师要及时给予肯定和鼓励，使他认识到即使某些不希望发生的事真的发生了，他们也能以合理的信念来面对这些现实。

应当注意的是，各种阻力也会在辩论中产生，使辩论显得难以进展或没有效果。出现阻力的原因也在于咨询师和求助者两个方面。

一方面，如果咨询师在辩论时没有结合对方的具体问题，或没有抓住问题的核心，甚至是为博得求助者的好感而不直接提出他的非理性之处，或提的问题过于婉转和含蓄，那么他就会使辩论停留于表面形式。因此，咨询师对要辩论的问题一定要有明确的目标，并做到有的放矢；同时，他一定要保持绝对客观化的地位，对求助者的不合理信念应针锋相对、不留情面，而不要因害怕遭到对方拒绝而姑息迁就。

阻力产生的另一方面的原因在求助者本身。主要表现为他对咨询师的辩论和质疑会存有"如果我改变了那么多，那么我就不是我了"或"如果我改变了那些必须、应该的要求，我就会变得平庸，也就没有前进的动力了。"

针对这种情况，咨询师应向求助者指出：改变他的不合理观念并不是消除他的动机。每个人都有获得成功的愿望，但如果要求自己必须或应该成功，这就是一个不容易实现的目标，而合理的想法则会使目标更易实现。

与不合理信念辩论是一种主动性和指导性很强的认知改变技术，它不仅要求咨询师对求助者所持有的不合理信念进行主动发问和质疑，也要求咨询师指导或引导求助者对这些观念进行积极主动的思考，促使他们对自己的问题深有感触，这样做会使辩论比求助者只是被动地接受咨询师的说教更富有成效。

1. 产婆术式的辩论

是从求助者的信念出发进行推论，在推论过程中会因不合理信念而出现谬论，求助者必然要进行修改，经过多次修改，求助者持有的将是合理的信念，而合理的信念不会使人产生负性情绪，求助者将摆脱情绪困扰。

产婆术式的辩论有其基本形式，一般从"按你所说……"推论"因此……"再推论到"因此……"即所谓的"三段式"推论，直至产生谬误，形成矛盾。咨询师利用矛盾进行面质，使求助者不得不承认其中的矛盾，迫使求助者改变不合理信念，最终建立合理信念。

2. 短程焦点确认性辩论

"从你刚才叙述中谈到的是不是这样一个事实？"

"你只需要回答肯定或否定，好吗？"

"好"！

"你常常给家长反馈的困惑是对初中和高中同学的不满和抱怨，对吗？"

"对"！

"你认清学习的目的，从而努力学习，不注意和同学交往难道不对吗？"

"嗯"！

"问题的背后是不是潜藏着一个内心的小秘密？"

"哦"？

"你是不是可以把这个我们都有过的秘密说一下？"

"……别告诉我的家长，在初三其实我喜欢……"

"一直到现在觉得和其他同学不一样，没有女生喜欢我。"

"你是怎么向喜欢的女生发出信号的……"

（二）合理情绪想象技术

求助者的情绪困扰，有时就是他自己向自己头脑传播的烦恼，他经常给自己传播不合理信念，在头脑中夸张地想象各种失败的情境，从而产生不适当的情绪和行为反应。

合理情绪想象技术就是帮助求助者停止这种传播的方法，其具体操作程序可以分为以下三个步骤。

①使求助者在想象中进入产生过不适当的情绪反应或自感最受不了的情境之中，让他体验在这种情境下的强烈情绪反应。

②帮助求助者改变这种不适当的情绪体验，并使他能体验到适度的情绪反应。这常常是通过改变求助者对自己情绪体验的不正确认识来进行的。

③停止想象。让求助者讲述他是怎样想的，自己的情绪有哪些变化，是如何变化的，改变了哪些观念，学到了哪些观念。

对求助者情绪和观念的积极转变，咨询师应及时给予强化，以巩固他获得的新的情绪反应。

上面的过程是通过想象一个不希望发生的情境来进行的。除此之外，还有另一种更积极的方法，即让求助者想象一个情境，在这一情境之下，求助者可以按自己所希望的去感觉、去行动。通过这种方法，可以帮助求助者有一个积极的情绪和目标。

（三）其他方法

合理情绪疗法虽然是一种高度的认知取向的治疗方法，但也强调认知、情绪和行为三方面的整合。因此在合理情绪疗法中也会经常见到一些情绪与行为的治疗方法和技术。

前面提到的合理情绪想象技术就是一种情绪的方法。除此之外，在情绪方面经常使用的方法还包括对求助者完全的接受和容忍。这表现为不论求助者的情绪和行为表现是多么荒谬和不合理，咨询师也要理解和接受他们，承认并尊重他们作为一个人的存在，而不是厌恶和排斥他们。

此外，咨询师还要鼓励求助者自我接受，即在接受自己好的方面的同时，也要接受自己不好的方面，当然这种接受并不是指咨询师可以宽容或姑息求助者不合理的情绪和行为表现，它只表明对求助者作为可能犯错误的人类一员的尊重。

合理情绪疗法虽然同求助者中心疗法有很大区别，但在对求助者无条件接受以上两者的观点是一致的。

除情绪的方法外，合理情绪疗法也接受了许多社会心理学的理论观点，并在治疗中应用一些行为技术，但这些技术并不仅仅针对求助者表面症状，其目的是为了进一步根除不合理信念，建立以合理的观念和情绪稳定性为主的行为。常用的方法有自我管理程序，这是根据操作条件反射的原理，要求求助者运用自我奖励和自我惩罚的方法来改变其不适应的行为方式。

1. 停留于此

即鼓励求助者待在某个不希望的情境中，以对抗逃避行为和糟糕至极的想法。

这些方法都可以以家庭作业的方式进行，目的是让求助者有机会冒险做新的尝试，并根据行为学习原理来改善不良的行为习惯，从而彻底改变求助者的不合理观念。除上面的方法，合理情绪疗法中的行为技术还包括放松训练、系统脱敏等。

2. 再教育阶段

咨询师在这一阶段的主要任务是巩固前几个阶段治疗所取得的效果，帮助求助者进一步摆脱原有的不合理信念及思维方式，使新的观念得以强化，从而使求助者在咨询结束之后仍能用学到的东西应对生活中遇到的问题，以便能更好地适应现实生活。

在这一阶段，咨询师可采用的方法和技术仍可包括上一阶段的内容，如继续使用与不合理信念辩论的技术，合理情绪想象的方法以及各种认知性、情绪性和行为方面的方式和方法。

除此之外，咨询师还可应用技能训练，使求助者学会更多的技能，提高他应对各种问题的能力，这也有助于改变他们那些不合理的信念，强化新的、合理的观念。这类训练具体包括自信训练、放松训练、问题解决训练和社交技能训练。前两种技术主要是为了提高求助者应付焦虑性情绪反应的能力；后两种则主要帮助求助者提高寻求问题解决的最"优"方法的能力以及社会交往的能力。

此阶段治疗的主要目的是重建，即帮助求助者在认知方式、思维过程以及情绪和行为表现等方面重新建立起新的反应模式，减少他在以后生活中出现情绪困扰和不良行为的倾向。

美国著名心理学家埃利斯于20世纪50年代首创的一种心理治疗理论和方法，它在许多著作中也被译作"理性情绪疗法"。顾名思义，这种方法旨在通过纯理性分析和逻辑思辨的途径，改变求助者的非理性观念，以帮助他解决情绪和行为上的问题。

（四）不合理信念及相应的分析

信念、价值不具有绝对性，只具有阶段性和开展性。

①每个人绝对要获得周围环境尤其是生活中每一位重要人物的喜爱和赞许。这个观念实际上是个假象，是不可能实现的。因为在人的一生中，不可能得到所有人的认同，即便是父母、老师等对自己很重要的人，也不可能永远对自己持一种绝对喜爱和赞许的态度。因此如果他坚持这种信念，就可能千辛万苦、委曲求全取悦他人，以获得每个人的欣赏，结果必定会使他感到失望、沮丧和受挫。

②个人是否有价值，完全在于他是否是全能的人，即能在人生中的各个环节和方面都能有所成就。这也是一个永远无法达到的目标，因为世界上根本没有十全十美、永远成功的人。一个人可能在某方面较他人有优势，但在另外的方面可能不如别人。虽然他以前有过许多成功的境遇，但无法保证在每一件事上都能成功。因此，若某人坚持这种信念，他就会为自己永远无法实现的目标而徒自伤悲。

③世界上有些人很邪恶、很可憎，所以应该对他们做严厉的谴责和惩罚。世上既然没有完人，也就没有绝对的区分对与错、好与坏的标准。每个人都可能会犯错误，但仅凭责备和惩罚则于事无补。人偶然犯错误是不可避免的，因此，不应该因一时的错误就将他视为"坏人"，以致对他产生极端排斥和歧视。

④如果事情非己所愿，那将是一件可怕的事情。人不可能永远成功，生活和事业上的挫折是很自然的，如果一经遭受挫折便感到可怕，就会导致情绪困扰，也可能使事情更加恶化。

⑤不愉快的事总是由于外在环境的因素所致，不是自己所能控制和支

配的，因此人对自身的痛苦和困扰也无法控制和改变。外在因素会对个人有一定影响，但实际上并不是像自己想象的那样可怕和严重。如果能认识到情绪困扰之中包含了自己对外在事件的知觉、评价及内部言语的作用等因素，那么外在的力量便可能得以控制和改变。

⑥面对现实中的困难和自我所承担的责任是不容易的，倒不如逃避它们。逃避问题虽然可以暂时缓和矛盾，但问题却始终存在而得不到解决，时间一长，问题便会恶化或连锁性地产生其他问题和困难，从而更加难以解决，最终会导致更为严重的情绪困扰。

⑦人们要对危险和可怕的事随时随地加以警惕，应该非常关心并不断注意其发生的可能性。对危险和可怕的事有一定的心理准备是正确的；但过分的忧虑则是非理性的。因为坚持这种信念只会夸大危险发生的可能性，使人不能对之加以客观评价和有效地去面对。这种杞人忧天式的观念只会使生活变得沉重和没有生气，导致整日忧心忡忡，焦虑不已。

⑧人必须依赖别人，特别是某些与自己相比强而有力的人，只有这样，才能生活得更好。虽然人在生活中的某些方面要依赖于别人，但过分夸大这种依赖的必要性则可能使自我失去独立性，导致更大的依赖，从而失去学习能力，产生不安全感。

⑨一个人以往的经历和事件常常决定了他目前的行为，而且这种影响是难以改变的。已经发生的事是个人的历史，这的确是无法改变的，但不能说这些事就会决定一个人的现在和将来。因为事实虽不可改变，但对事的看法却是可以改变的，从而人们仍可以控制、改变自己以后的生活。

⑩一个人应该关心他人的问题，并为他人的问题而悲伤、难过。关心他人，富于同情，这是有爱心的表现。但如果过分投入到他人的事情中，就可能忽视自己的问题，并因此使自己的情绪失去平衡，最终导致不但没有能力去帮助别人解决问题，却使自己的问题更糟。

⑪对人生中的每个问题，都应有一个唯一的正确的答案。如果人找不到这个答案，就会痛苦一生。人生是一个复杂的历程，对任何问题都要寻求完美的解决办法是不可能的事。如果坚持要寻求某种完美的答案，那就会使自己感到失望和沮丧。

（五）非理性思维方式

从以上非理性观念中，可以归纳出以下相应的非理性思维方式。

例如，

我喜欢如此→我应该如此；

很难→没有办法；

也许→一定；

有时候→总是；

某些→所有的；

我表现不好→我不好；

好像如此→确实如此；

到目前为止如此→必然永远如此；

等等。

从中可以看出，许多不合理信念就是将"想要""希望"等变成"一定要""必须"或"应该"的表现。

一个情绪沮丧的人总是坚持他/她必须要有某事或某物，而不只是想要或喜欢它而已。因此他/她便会把这种过度极端化的需求应用到生活的各个方面，尤其是关于成就和获得别人赞赏上，而当他/她不能满足这种需求时，就容易产生焦虑、自卑、沮丧等情绪；如果他/她将这种需求应用到他/她人身上，要求别人应该或必须怎样做时，一旦别人不能符合其意，他/她就会对人产生敌意、愤怒等情绪。

（六）思维方法导致的主要特征

1. 绝对化的要求

绝对化的要求是指个体以自己的意愿为出发点，认为某事必定会发生或不会发生的信念。这种特征通常是与"必须"和"应该"这类词联系在一起，如"我必须获得成功""别人必须友好地对待我"，等等。这种绝对化的要求是不可能实现的，因为客观事物的发展有其自身规律，不可能依个人的意志而转移。人不可能在每件事上都获得成功；他周围的人和事的表现和发展也不会以他的意愿来改变。因此，当某些事的发生与他对事的绝对化要求相悖时，他就会感到难以接受和适应，从而极易陷入情绪困扰之中。

2. 过分概括的评价

过分概括化是一种以偏概全的不合理的思维方式，就好像是以一本书的封面来判定它的好坏一样。它是个体对自己或别人不合理的评价，其典型特征是以某一件或某几件事来评价自身或他人的整体价值。例如，一些人面对失败的结果常常认为自己"一无是处"或"毫无价值"。这种片面的自我否定往往会导致自责自罪、自卑自弃的心理以及焦虑和抑郁等情绪。而一旦将这种评价转向他人，就会一味地责备别人，并产生愤怒和敌意的情绪。针对这类不合理信念，合理情绪疗法强调世上没有一个人能达到十全十美的境地，每一个人都应接受人是有可能犯错误的。因此，应以评价一个人的具体行为和表现来代替对整个人的评价，也就是说"评价一个人的行为而不是去评价一个人"。

3. 糟糕至极的结果

糟糕至极是一种对事物的可能后果非常可怕，甚至是一种灾难性的预期的非理性观念。对任何一件事来说都有比之更坏的情况发生，因此没有一件事可以被定义为百分之百的"糟糕透顶"。若有人坚持这样的观念，那么当他/她认为遇到了"糟糕透顶"的事发生时，就会陷入极度的负性情绪体验中。针对这种信念，合理情绪疗法理论认为虽然非常不好的事确实可能发生，我们也有很多理由不希望它发生，但我们却没有理由说它不该发生。因此，面对这些不好的事，我们应该努力接受现实，在可能的情况下去改变这种状态，而在不能改变时学会如何在这种状态下生活下去。

第四章　成长中的遭遇

当遇到问题时你能保持怎样的积极心态?

每一次经受挫折和改正错误你都学到了什么?

挫折就是一个必然存在的问题，问题本身不是问题，一个好的问题胜过一个好的回答。这是一位哲学家的论断。生活中能够发现问题，面对问题那是一件很了不起的事情。在子女教育和孩子成长中不出现问题才是不正常的事，反而出现问题才是再正常不过的事了，也只有问题才能推动更好的成长，这是一个很朴素的道理。

一、如何保护好孩子的好奇心理

孩子们都具有很强的好奇心，专家指出，孩子的好奇心关系着孩子的智力发育。所以，家长们要注意在生活中培养和满足孩子的好奇心。那么，家长该如何满足孩子的好奇心呢?

（一）让孩子保持好奇心的方法

1. 鼓励孩子有更多的非常规的玩法

好奇心何以能够上升为创造力？有时靠的正是一种非常规的游戏手段。比如孩子把自己爱吃的怪味豆和鱼皮花生埋进土里等待"发芽"，妈妈不要迫不及待地干涉孩子，试图将孩子拽回所谓"正确的轨道"上来，这样恰恰使孩子错过了许多发现问题、解决问题的机会。

如果孩子的好奇心仅仅停留在好奇的层面上，那么孩子的好奇也仅仅是好奇而已。好奇是创造力的源泉，但是仅仅停留在好奇是远远不够的。这就是为什么这个世界上好奇的人很多，而具有创造力的人却并不多的原因。比如，孩子不按常规的方式游戏，妈妈不要迫不及待地干涉孩子，试图将孩子拽回所谓"正确的轨道"。正是通过这种非常规的玩法，才能让他的好奇心得到最好的发挥。比如，孩子在搭积木，说他想搭个房子，但在好不容易把房子搭起来后可能会随即把刚刚搭建的房子推倒。孩子这么做可能是想要了解推倒房子会出现一些什么后果：房子倒塌时会发出什么样的响声；房子倒塌时积木块可能会朝着什么样的方向散落；房子倒塌后还能不能恢复它原来的模样……这时候，妈妈千万不能懊恼地呵斥孩子："看看你，好不容易把房子搭好，我可再不陪你搭了。"

2. 做"不知道"妈妈，有利于进一步激发孩子的探究心

妈妈对孩子的问题一概敷衍说"不知道"，当然会打压孩子"打破砂锅问到底"的热情，但若孩子每次问"为什么"，妈妈都忙不迭地给出标准答案，未必是好事，这等于是替孩子省却了探究的过程，而培养孩子好奇心的最佳方式是教会孩子"研究方法"，教他学会思考、学会去找寻正确的答案。

3. 不要以成人的思维约束孩子

由于年幼孩子的认知有限，可能会有很奇怪、超出成人逻辑的设想，这时妈妈切忌以成人的思维方式来束缚孩子的想象力。比如孩子观察到绝大多数落叶掉在地上都是"掌心向下"，他会认为那是"落叶宝宝"在亲吻大地妈妈，妈妈可以鼓励这个想法，而不必强调说"落叶不是宝宝，落叶只是飘下来，落叶没有亲吻大地"。

4. 创设满足孩子好奇心的环境

对孩子来说，在他们的日常生活环境中，到处蕴含着可供探索的资源，随便哪个情境，都可能成为引发孩子好奇心、诱导孩子提出各种问题的学习场所。妈妈要做的首先是消除环境中的不安全因素，然后就可以依据孩子的兴趣提供各种实践材料和工具，放手让孩子去探索。

5. 在满足孩子好奇心的同时，锻炼孩子的生活能力

好奇的孩子多半有超乎常人的"动手欲望"，表现为两岁不到的孩子一定要拿家中的电视遥控器当"玩具"，不给，孩子就大哭大闹；或者还够不着水池的孩子，自告奋勇地帮妈妈洗菜、做饭，与其担心孩子"闯祸"，弄坏遥控器或弄伤自己，不如教给孩子各种用具的使用方法。只要妈妈因势利导，重要的收获还包括锻炼了孩子的生活能力，使孩子在未来的探索活动中积累了基本的经验，也更有自信。

那么，家长如何满足孩子的好奇心呢？

（二）家长与孩子的好奇心互动的方法

1. 无条件地满足孩子的好奇心

假如孩子对电视遥控器或者其他器物发生了兴趣，与其担心孩子毁坏器物，不如把使用的方法告诉孩子，满足孩子想要自己操作的好奇心。例如，妈妈在厨房忙碌时，孩子总喜欢跟进去摸摸这里、摸摸那里。这时，妈妈就可以安排孩子干些力所能及的事情，如让他洗黄瓜、西红柿、拌凉菜，帮着妈妈拿调料等。在这一过程中，孩子就可以了解一些蔬菜的特性，观察食物生熟前后的变化等，使好奇心得到了进一步的满足。而且，还有可能更好地激发孩子更深层次的好奇心，培养探索事物的能力。如此做法，既可满足孩子的好奇心，也给了孩子锻炼的机会，有助于孩子更好地积累生活经验。

2. 不要以成人的思维约束孩子

由于孩子的认知有限，因此常常会问很多奇怪的问题或者产生很多奇怪的想法。当孩子对某个事物产生兴趣的时候，就会坚持不懈地打破砂锅问到底。面对孩子的好奇心，妈妈一定要认真对待，切忌以成人的思维方式来束缚孩子的想象力。比如，孩子揪小草了，妈妈提醒孩子不要揪小草，于是孩子指着自己小手上的绿色很认真地说："这样小草会哭的。"妈妈可以说："那就不要让小草哭了"。妈妈没必要一定要告诉孩子小草不会哭。

3. 创设满足孩子好奇心的环境

对孩子来说，在他们的生活环境中，到处蕴含着丰富的可供探索的资源。家里的客厅、厨房、阳台、户外的公园、马路，随便哪个犄角旮旯，都能成为引发孩子好奇心、诱导孩子提出问题的学习场所。妈妈要做的首先是消除环境中的不安全因素，并根据孩子的兴趣适时适度地提供材料和实践机会，鼓励他们动手体验。聪明的妈妈会采取一些方法来帮助孩子寻找他们需要的答案，并进一步引导孩子深入探究事物的奥秘。

4. 做个和孩子一样好奇的妈妈

如果妈妈对周围事物显得十分冷淡，甚至对孩子的好奇心不以为然，那么孩子的好奇天性就会在无形中受到压制。因此，妈妈也要在孩子面前做个童心未泯的大孩子，引导孩子去发现问题，并寻找解决问题的答案。比如，带孩子外出的时候，妈妈可以在野外寻找一些比较奇特的花草树木、比较小鸟和小昆虫的叫声；发现不同种类或者同一种类植物、动物甚至石头、泥土之间的细微区别等。

5. 在游戏中正确诱导孩子的好奇心

比如，孩子到了2～3岁时特别喜欢敲敲打打，妈妈可以提供几根不同形状、不同质地的棍棒（圆头的、小而短的、木制的、橡胶制的，等等），让他们尝试敲打不同质地的物品，满足他们的好奇心；也可蒙上孩子的眼睛，妈妈来敲打，让孩子辨别妈妈敲打了什么。这样可以引导孩子探究不同质地的棍棒敲打在同一物品上，产生的声音会有什么不同；同一质地的棒子敲打在不同物品上，产生的声音又有什么不同，等等。这样的互动方式，会引导孩子在好奇的基础上探索更多事物的奥秘。

6. 和孩子一同探究事物的奥秘

孩子会有很多古怪的想法，比如吃了五香花生他可能会奇怪：这种有很多味道的花生是怎么做出来的、种出来的、煮出来的？面对孩子的好奇心，妈妈可以引导孩子设想很多的可能，然后帮助孩子一一证实，或是一一否决。聪明的妈妈可以给孩子准备一个花盆，和孩子一同种花生，再一同亲自下厨煮花生。也可以带孩子到超市买各种花生，有可能的话还可以带孩子去工厂看看，让孩子了解这些好吃的花生是怎么做出来的。孩子在上述过程中可能会遇到很多问题，比如，孩子可能会疑惑怎样才能让种出的花生有各种各样的味道呢？妈妈不必直接给孩子答案，让孩子自己大胆设想。也许，孩子的想法在成人看来可能很可笑，如为了让花生有味道，可能想到要把糖、辣椒、花椒、大料等调料连同花生一起种。不要嘲笑孩子，只管让孩子大胆设想，必要时尝试好了。

二、家长怎样陪孩子一起成长

家长和孩子相比，有居高临下的优势，往往专注孩子的学业成绩而忽略全面发展；往往把自己未实现的愿望寄托在孩子身上；往往在和别的孩子比较中给自己的孩子定位；往往盲目于自己曾经的经验和教训而给孩子设定前程及目标。殊不知现代的孩子不是曾经的你，现在的社会也不是当时的社会。于是乎，盲目跟风、焦虑恐惧，时不时以吼叫式教育来达到驯服孩子和让孩子听从之目的。岂不知，陪孩子一起成长才是家长应该做的事情。

（一）要明白家庭教育的误区

①越俎代庖，代替孩子做他自己该做的事情。
②好为人师、自以为是。
③总喜欢指导、教导、干预、打断、制止、批评、训斥孩子。
④不是处理事情，而是发泄情绪。
⑤完全以孩子为中心。

（二）"盲目教"不如"学会教"

人这一生当中要接受三种教育，即家庭教育、学校教育和社会教育。而对一个孩子最重要的便是人生开始阶段的家庭教育。正确地教育孩子，家长需要形成正确的养育观念，掌握契合的教育方法，合理利用教育资源。

在这里要强调一点，家庭是孩子的第一学校，父母是孩子的第一任老师，家庭教育的好与坏将直接影响孩子的一生！

当家长认为自己学历低，工作不上档次，把一切翻身的机会都寄托在孩子身上时，必然会拼尽全力给孩子创造好的条件，平时除了学习，从不要求孩子做其他事，就希望他以后能够金榜题名、有出息。

这样久而久之，每天跟进孩子的学习情况，稍有差错就忍不住教育孩子，有时候为了让孩子长记性，打骂等都会用上，这样势必带来孩子的逆反心理，家长越是陪孩子写作业或帮他检查作业，孩子越是反抗，有时还故意搞破坏，对着干；有时还故意激怒家长，结果导致孩子越来越叛逆，学习也一落千丈。

这就是典型的"盲目教"，不把孩子当孩子导致的结果。与其这样不如"学会教"，才是真正陪孩子一起成长。

（三）放弃吼叫式教育

有些家长在孩子教育问题上，耐心不够，动不动就吼叫、恐吓，秉持棍棒底下出英才的旧的教育思想。岂不知，现在已经不是知识封闭、思想禁锢的年代，是一个思想更加开放、理念更加包容、方法不断刷新、知识交错更替的时代。唯有与时俱进，在继承和创新层面上刷存在感、获得感和幸福感。

吼叫不是教育，我们常常以为可以帮助孩子养成好习惯，听从我们的教导，可实际上，那只是自欺欺人的想法而已，实际上收不到任何效果、没有任何意义，给孩子的心智成熟带来的只是一种破坏性伤害。

家长的吼叫，是为了想让孩子意识到错误或问题所在，急切地希望孩子能按照你的要求去做，可孩子却往往无动于衷，越吼叫越逆反，因为孩子在你朝他吼叫时，想的却是"爸爸妈妈讨厌我"，沉浸在自己的负性情绪中，"既然你们讨厌我，那我更不要听了"，继而产生抗拒行为，拒不按照要求去做或听从规劝。如果你当下没有及时、敏感地觉察出孩子行为背后细微、不露声色的心理变化，只是看到孩子一副不理不睬、无动于衷的样子，顿时会火冒三丈、气上加气，不自觉地再次吼叫，而且分贝更高，连带着对孩子新的错误的指责、批评，还有你的说教，孩子看到你再次发作，意识到"这时候，爸爸妈妈是真的生气了，这一回我还是老实一点比较好，我就暂时乖一下，爸爸妈妈才会消停"，孩子会暂时选择听话。这一系列过程，你忙着批评、忙着指正、忙着教他道理、告诉他怎么做，而孩子却忙着关注自己的一系列情绪变化与应对，你的吼叫、说教好像被屏蔽似的，一个字也没有听见。

孩子自律性不够，不一定是父母管教不严。事实上，我们的孩子经常受到严厉的责骂和体罚，即便小有过错，我们也会怒不可遏。吼叫，便是其一。这样的教育方法只会起到负面作用，因为它本身就违背了自律的原则。没有自律原则作为后盾的管教，是不会起到任何作用的。

父母自己不遵守自律的原则，就不可能成为孩子的榜样，只会成为反面教材。

孩子是父母的一面镜子。这句话一点儿也不假。孩子的反应与行为与你如出一辙、惊人地相似。孩子的回答都和你曾经说过的一模一样，一字不差。

在孩子心中，父母就是他们的偶像，神圣而威严。孩子缺乏其他的模仿对象，自然会把父母处理问题的方式全盘接受下来，深深印刻在脑海里，一点点被绘制到他们的认知地图中，指导着他们的成长。

父母的心智成熟，是孩子将来幸福生活的活水源头。

如果父母懂得自律、自制和自尊，生活井然有序，孩子就会把这样的生活视为理所当然。

吼叫，父母缺乏自律，便具有这样的破坏性。

子不教，父之过。我们承担着他们的教育责任，我们有义务帮助他们心智成熟。

教育，我们需要心智成熟，而不是依赖吼叫。吼叫，本质上不是教育，而是发泄自己心中的怨气和不满。

知易，行难。至少，每一次的教育，我们可以尝试做些努力。

（1）了解真相，倾听孩子怎么说

我们越是了解事实，处理问题就越是得心应手。我们越是了解孩子的思维特点，教育就越能正面管教，无须吼叫。

在指责与要求之前，我们可以先平静地问一下孩子，"这是怎么回事""你为什么这么做呢"，了解行为背后的原因。孩子的思维不同于成人，他们的考虑与我们的判断往往大相径庭。

（2）让心静下来，看着孩子的眼睛

当心平静时，情绪也随之平和起来，从孩子的眼睛里面就能看出孩子在想什么、有什么情绪，是疑惑、还是恐惧？平和地对孩子说，"你怎么了？""有什么需要爸爸妈妈配合的？"

以静制动的做法会让孩子顿生智慧，尽量给足时间，延后鼓励，就是共同成长的最佳机会。即使孩子真犯了错，也要心平气和地指出。当孩子求救家长的时候，一定要认真倾听，这很重要。

（3）讨论问题，唤起孩子内心成长意愿

家长的行动，才是最好的教育。家长的行动要符合常理、法理。要征求孩子的意见，这样全家人就达成共同的目标，事情就解决了一半。

在孩子成长的过程中不当指挥官，要做陪跑者。只有陪跑，才会真正了解孩子的问题。

被誉为"我们这个时代最杰出的心理医生"派克博士指出，教育（Education）源于拉丁语中的educare，字面意思是"带出来"并且"带领到"，因此，我们在教育孩子的时候，并不是把某种新的东西强塞入他们的思维，而是把这种东西从他们人生思维中引导出来，让它从潜意识进入意识。

我也始终相信，教育只是术，真正的道在于你对教育的认知。

为人父母，我们真正要做的是，学会怎么自律、如何爱，思考我们希望教育出什么样的孩子，我们要怎么让自己心智成熟，去真正影响我们的孩子。在一次又一次的家庭教育中，去躬行，去体悟。

（四）提供与教育相匹配的资源

无论什么样的家庭，父母一般都会尽自己的力量给孩子提供更多更优质的教育资源，每个孩子都值得被给予尽可能多的机会。这一点社会做不到，学校也只能是尽力，那么最有可能给孩子助力的，还是家长。真正的家庭教育，就是家长的自我修行，修行就是修正自己的行为，不修不行，越修越行。孩子身上有问题，家长身上找答案。

孩子就是家庭的缩影，教育就是拼爹拼妈。真正的拼爹，是比拼父母的观念，以及生活方式、思维方式、处世方式。如果家庭教育出了问题，孩子在学校就可能会过得比较辛苦，孩子很可能成为学校的"问题儿童"。不要指望打骂孩子就能让孩子学会服从，杀鸡给猴看的结果是：猴子也学会了杀鸡。

星云大师在一次讲座之后，有一位先生毕恭毕敬地来到大师面前说，"大师我想问两个不恭敬的问题，可以吗？"

"可以！"

"大师，你是不是在没有人的时候，也吃肉？"

大师微笑着说，"你今天开车来，系没系安全带？"

"系安全带了！"

"不系安全带是不是怕被警察抓住，是吗？"

"那今天是礼拜天，警察没有上班，你为什么还系安全带？"

先生"哦？"了一声，无话可言，连连点头，"已经习惯了！"

"当你安全意识习惯之后，最不在乎有没有人在现场了，对吗？"

先生说，"我的第二个问题是：近来孩子在学校不认真学习，老师约谈了家长，很生气，有什么好办法解决这个问题呢？"

大师微笑着说，"当你准备上交给领导文件时，发现文件上有错误，你会在印好的文件上改动一下上交领导，是吗？"

先生略加思索，"如果这样上交，领导必然看得出我工作的错误，那就麻烦了。不如我在底板上改动一下，以后文件就不会出问题了。"

大师仍然微笑着："先生，我的回答是否满意？"

先生连连点头，"满意，满意！"

短短一段对话导出一个问题，父母是孩子的第一任老师，做老师的要为人师表，请问，当下的今天，有几个父母能做到？

三、明确告诉孩子——幸福都是奋斗出来的

《最美红领巾》2018年11月4日刊发了陕西小学数学高级教师的文章，文章的题目是"请告诉孩子：幸福都是奋斗出来的"。

我们知道，现在很多孩子，生活基本上没有负担，他们从小生活在没有物质压力的环境下，强调快乐，不太懂奋斗和努力。请告诉他们：现在的幸福生活都是爸爸妈妈奋斗而来的，你将来的幸福生活也要靠自己去奋斗、去获得！

（一）学习从来就不是一件轻松的事

但凡取得一定成就的人，都经过了艰苦的努力。天下没有掉馅饼的事，只有通过自身的不懈努力和刻苦钻研才有成功的可能。

学习也是一样，谁不是一路考试拼搏上来的呢？孩子毕竟不是成年人，心智不太成熟，在学习过程中确实感受不到多少快乐。

有一些家长以为国外的教育就是轻松的，其实在国外，优秀的学生一样要很努力学习才能取得好的学习成绩。

比如新加坡的小学教育，教学领域非常广泛，除了一些专门的课程之外，还有艺术、语言等领域，充分开拓学生的天赋。

所以，让孩子快乐成长是正确的，但是学习过程往往是比较辛苦的，寓教于乐的教育方式，并不意味着孩子不需要刻苦学习。

（二）付出努力才能收获快乐

绝大部分孩子都不可能把学习当作是一件快乐的事。优秀成绩的取得，需要孩子在别人玩游戏、看电影的时候，静下心来学习。

有的孩子心智比较成熟，从小便有自己的远大志向，所以他们在学习过程中有自己的奋斗目标，并为此而努力。

也有些孩子没有树立远大的目标，但至少有一个想考上好中学或好大

学的短期目标。

无论是哪种情况,他们首先要有目标,并在追逐目标的过程中努力付出。当孩子取得优秀的成绩、辛苦的努力得到回报时,才能收获快乐。

(三)努力学习是一种责任

家长在培养孩子的过程中,更多的是要让孩子懂得付出,培养他们勤奋、拼搏的精神和责任感。孩子在上学阶段,他们的主要任务就是学习,这是他们的责任。

俗话说:"三岁定八十。"小时候不努力学习、没有目标、不懂得付出、整天吃喝玩乐的人,长大后会变得肯付出、肯努力、肯拼搏吗?

所以,与其说是培养孩子自主学习的能力和勤奋、拼搏的精神,不如说是培养他们从小树立积极向上、有责任感的优秀品质,这才是孩子学习过程中的重要目标。

(四)努力才能选择想要的生活

就像一个家长对儿子说的:"孩子,我要求你读书用功,不是因为我要你跟别人比成绩,而是因为,我希望你将来会拥有选择的权利,选择有意义、有时间的工作,而不是被迫谋生。"

总有一天,孩子会长大,要肩负起自己的人生。这个世界上有多少人每天埋头苦干却只能勉强维持温饱,有多少人拼命硬干却只能蜗居在地下室?

努力读书,学习一些技能,不一定能让孩子成为富翁,却至少可以让他选择一份喜欢的工作,而不是被工作选择。

(五)自己优秀才有更多进步机会

结交一些优秀的朋友,能使孩子受益终生。

孩子和一群优秀的朋友来往,能从他们身上学到很多,比如责任、坚持、好习惯;能更好地了解自己,更清楚地认识到自己的优点和不足;能和他们一起成长，一起进步，一起变得更优秀。

然而，不努力学习，孩子很难结交到这些优秀的朋友。

努力刻苦的人很难与不学无术的人成为好朋友，不是因为看不起或是配不上，而往往是因为两种人的价值观不同，没有共同语言，很难交流。

最后，请告诉孩子，幸福都是奋斗出来的，现在的努力都是为了以后能有更多可以选择的机会！

四、中小学生的心理健康问题及其应对策略

中小学生是国家发展的后备力量，他们的心理健康问题是关乎着祖国未来的人才素养问题，2017年10月24日《苏州大学学报（教育科学版）》署名作者万增奎的"中小学生的心理健康问题及其应对策略——基于江苏省9656名中小学生心理健康状况的实证研究"论文，很值得学习和深思！

该文通过问卷调查与深度访谈考察了江苏省76所中小学的学生心理健康状况。结果发现，青少年轻度阳性心理症状检出率为60.8%，中度阳性以上检出率为8.4%，中小学生的身体素质指标呈下降趋势，睡眠时间严重不足，手机和网络依赖严重，人生观失位普遍，偶像崇拜泛滥，厌学情绪严重。其中小学生在撒谎、早熟等方面问题明显；中学生在成瘾、学业焦虑、人生观等方面问题更为突出。小学至高中学生心理健康水平呈不平衡状态，年龄越大心理问题越多。在影响源上，青少年家庭环境与教养方式成为重要的影响因素，特别是离异家庭、留守家庭、流动家庭的子女心理健康状况令人担忧。建议社会给家庭立法，开发学校、社区、家庭三位一体化的心理辅导联动平台，呼吁学校应把心理健康课纳入学校重点课程体系。

心理健康教育长期以来一直是学校教育的薄弱环节，学校教育往往重视学生的智育发展，而家长只重视学生成绩的好坏和身体的健康状况，家庭和学校双方很少从心理教育的角度去思考学生成长出现的问题。近年来，在中小学生中出现的问题越来越多，引起了社会各界和广大教育工作

者的不安。因此，分析造成中小学生心理障碍的原因和寻求有效的对策，已成为迫在眉睫的问题。

（一）中小学生心理问题产生的原因

1. 中小学生自身的弱点

①独立生存能力很差。中小学生越来越脱离生活实践活动，上学放学要人接送，吃饭穿衣要人伺候，生活不能自理，举手之劳的简单之事不会做，一到需要独立面对生活时便束手无策。

②在与同学的交往中，较多地表现出自私和狭隘的弱点。自私，在小学生的日常生活中最常见的是自己的东西不许别人碰，更不用说与人共享。哪怕自己的玩具多得堆成山，也不肯送一件给自己的同伴。狭隘，最突出的表现是不能容许别人比自己好。一个小学四年级学生，学习成绩在班上名列前茅。他有一个缺点就是不喜欢别人超过他，总希望别的同学都比他差。有一次，班上有一位成绩与他成绩差不多的同学在一次数学单元测验中由于生病没有做完卷子，造成考试成绩不及格，他竟高兴得在班里跳了起来。

③缺乏自制力，即心理自控能力较差。迷恋于网络游戏，是当前中小学生缺乏自制力的一种普遍现象，迷上这种游戏的孩子越来越多，不但影响了孩子正常的学习和生活，而且引发了学生与家长、学生与教师的一系列矛盾与冲突。

所以，中小学生的自主意识和自我意识都是处于发育之中的，虽然还是具有很强的依赖性，但独立性也日益凸显出来。因此，在学生身上就出现一种现象，他们既有独立性，又有依赖性；自觉性也有，但是还是存在幼稚性。有时会发现新的自我，就强烈要求自己的独立自主；有时又会表现出幼稚，缺少必要的分析能力来判断是非。他们的人生观、价值观、世界观都还没形成，注定经受不了外面世界的诱惑，在其所处的整个周边环境都呈现消极因素时，学生很容易形成狭隘的意识和不良的心态。

2. 家庭环境的不良影响

父母是孩子的第一任老师，家庭是中小学生成长的基础和主要场所，家长的教育方式和家庭成员之间感情的融洽与否，是影响他们心理健康发展的重要因素。现代家庭中，父母对孩子的期望值普遍过高，在孩子教育上容易产生以下两种错误态度：一种是对孩子要求过高，教育方法苛刻、专制，不考虑孩子的承受能力和愿望，这样易使孩子心理压力过大，最终形成忧郁、孤僻、逆反等心理；另一种是对孩子过分宠爱，这容易造成孩子自私自利、任性、蛮横、懒惰、依赖等不良心理。盲目地为独生子女创造物质环境的倾向已成为一种时髦，以为"家"，就是靠物质堆起来的。这两种截然不同的教育方式，对中小学生正常心理的发展都是有害的。此外家庭气氛，特别是家庭成员之间的关系，直接影响孩子的性格、思想和品德的形成与发展，影响孩子的身心健康。单亲家庭的剧增也给越来越多的孩子造成心理创伤和失落感。单亲家庭的孩子长期缺乏父爱或母爱，产生消极情绪、不爱学习、敌视同学等不良倾向的概率很高，家庭破裂会使他们感觉强烈的心理失衡。激烈的社会竞争，让大多数家长疲于奔命，较成功的家长则忙于各自的"事业"，忽视了对孩子的教育。甚至一些家长凭不正当竞争取得了成功，在一定程度上也误导了孩子。

3. 学校教育失误的影响

学校教育尤其在中小城市和农村，依然片面追求升学率，致使很多学校只重视学生的智育发展，社会上也普遍以升学率的高低来衡量学校成果，学校没有精力也不愿去抓学生的心理教育。传统的应试教育给中小学生的心理健康发展造成了消极影响，每年都会出现高中生、大学生不堪重负走极端的情况。

当然，学校也会出现教师的教学方法和手段不当的问题，有些教师会出现挖苦、讽刺学生的现象，不能对所有学生采取一视同仁的态度，喜欢成绩好的学生或对家里有钱有地位的学生另眼相看，漠视一些学习成绩不好或家庭贫困的学生，这会严重挫伤学生的积极性和上进心。

4. 社会消极因素的影响

社会对中小学生的影响是广泛和复杂的。不良的舆论导向、不正当的社会竞争、网吧的遍地开花却管理不力、影视剧的粗制滥造与错误导向等，这对中小学生心理的健康发展是非常不利的。社会上的一些不良风气往往具有较大的诱惑力，会腐蚀中小学生的心灵。他们往往又具有较强的模仿性，其危害是不可低估的。

（二）对中小学生进行心理教育的对策

1. 更正育人观念

培育德、智、体、美、劳全面发展的学生，应是当前和今后教育的出发点和落脚点。长期以来，不论是教师还是家长，都认为学生只有上大学才是光明的出路，致使我国从基础教育阶段就只强调考分，而不顾个性、人格的完善。因此，认真实行素质教育，培养学生全面发展，培养他们积极乐观的生活体验和人生态度，是必要和必需的。教育把促进人的全面发展和适应社会需要作为衡量人才培养水平的根本标准，树立多样化人才观念和成才观念，树立终生学习和系统培养观念，造就信念执着、品德优良、知识丰富、本领过硬的高素质人才。

2. 共性和个性相结合

坚持正确引导，是中小学生心理特点所需求的。第一，针对学生中存在的比较普遍的心理方面的问题，教师必须按照实际情况和需要的迫切程度，帮助他们科学分析、正确引导，努力培养他们形成健康的心理，防止出现行为偏差和心理障碍。第二，由于学生所处的年龄段、性格类型以及成长环境不同，因此出现的心理偏差也不同，需要分别对待，进行正确指导。例如，培养后进生的自尊心和上进心、培养优良生心理承受能力以及家庭条件优越的学生的自立意识、培养家庭条件差的学生的自信心，以塑造各种中小学生的健康人格品质。应该把共性的心理健康教育与个性的心理指导相结合，促进学生健康发展。

3. 优化校园的心理教育环境

中小学生随着生理、心理的发展变化，困惑会越来越多，因此他们希望得到老师、家长的指点，学校应重视校园心理环境建设，加强校园文化阵地建设，在学生中开展各种有意义的活动，让每一名学生都能自由健康地交往，从而建立和谐的人际关系，发挥、完善中小学生的自主性、创造性，培养他们的自我管理能力、自我解决心理疑惑的能力。通过心理辅导，教会他们自我调节的方法，指导他们正确看待现实，处理好人与人之间的各种关系，培养乐观的进取心，以树立正确的人生观、世界观。学校要通过开展各种艺术、文化、体育、科技和学习名人等活动，提高学生兴趣，活跃学生身心，达到陶冶情操、美化生活、融洽师生关系的目的，改善学生心理环境。

建设良好校风、班风、教风、学风。学生的生理、心理、智力、能力等综合素质，在良好的校风校貌这个客观环境中能得到良好的发展，而良好的校风校貌也能为学校综合性心理健康教育创造良好的心理环境。

4. 创设民主的家庭气氛

家庭是学生成长的第一驿站。事实证明：民主、和谐的家庭气氛能促进中小学生完美人格的形成；而吵吵闹闹的家庭氛围会给孩子的成长带来很大的压力，致使他们形成扭曲的人格。所以家长必须多为子女着想，为他们创造和谐、温暖、愉快的家庭气氛，让他们沐浴在爱的氛围中，身心可以积极、健康地发展。家长要多倾听孩子的意见，了解孩子的各项需求，多与孩子做平等交流，尊重孩子的选择。

只有了解，才能实现家庭真正的民主、和谐。当然，提倡民主，反对专制，并不意味着对孩子的所有要求都百依百顺，这是对孩子的放任，真正的民主与尊重是对孩子负责任的关注与约束。

五、社会焦虑问题广泛地影响着教育的发展

社会焦虑是当代中国转型期无法回避的社会心理问题。当前，社会焦虑现象几乎弥漫在整个中国社会的方方面面，并已成为当今中国一个比较明显的时代标志，从某种意义上可以说，当前我们已经进入"全民焦虑"时代。教育也同样存在其中。

社会焦虑是公众面对社会诸多不确定性而产生的焦躁、不安全感，它

带来的是一种防御性的生活态度，容易滋生出偏见、分化、对立和冲突，带来社会融合的困境。社会焦虑会引发许多不正常行为、加重人们不切实际的高期望值心理和相应的短期化行为，而个体性的焦虑因为社会急剧的整体嬗变、城乡二元体制的束缚、社会保障的迟滞、价值观念的迷乱逐渐演变成了全民性的社会焦虑，具体表现为就业、身份、财富、人际等方面的焦虑。弱势心态的泛化蔓延以及社会安全感和归属感的失落，容易引发社会偏见、不信任、不妥协甚至社会冲突，而网络技术的生活嵌入，为内隐的焦虑情绪提供了宣泄的途径，生成网络舆情狂欢的景观。

有人将目前的社会焦虑分为四类：首先是生存性焦虑，即对自身及家庭成员的生计和健康的担忧，诸如食品安全焦虑、住房焦虑、子女教育焦虑、工作焦虑、社会伤害焦虑等；其次是发展性焦虑，表现为社会差距的扩大和社会流动的滞缓，进一步可延伸为社会阶层固化的问题；再次是道德焦虑，即道德滑坡现象对于公众道德情感的伤害，突出地表现为社会信任的式微；最后是环境焦虑，雾霾天气的频发使得公众蓄积的环境情绪大范围显现。也有人将社会焦虑划分为民生焦虑、安全焦虑、群体关系焦虑、精神焦虑四个方面。

而于建嵘认为，中国社会焦虑更多表现为认同性焦虑。其具体表现可归结为社会权威消解、社会信任流失、社会行为失控三个层次。

（一）社会权威消解

认同性焦虑的泛滥，首先会导致社会权威的消解，即政府公信力逐渐丧失、社会基本规则受到破坏，而这又在终极意义上侵蚀着执政权威。

过去人们习惯把官方、专家、媒体当成"权威说法"，如今专家已经成了"砖家"，媒体成了"霉体"，官方的通报被当成是谎言的代名词。这就是一条著名的政治学定律"塔西佗陷阱"所不断提醒人们注意的现象。"塔西佗陷阱"得名于古罗马时代的历史学家塔西佗，指的是当政府或其他社会组织失去了公信力后，无论讲真话还是假话，做好事还是做坏事都会被认为是说谎/做坏事，好政策和"坏政策"都会得罪人，政府权威逐渐流失，最终滑向失信的深渊。

"潜规则"的盛行有着极为复杂的发生学逻辑,政府公信力的下降必然会在社会上有所投射。首先是不讲公共规则,这一点在交通、环境和公共卫生领域表现得尤其明显。其次,除了日常生活中违反公共生活规则的行为,更为人所诟病的则是在升学、就职、经商等领域中潜规则的盛行。潜规则盛行的直接后果是正式规则被架空,要求人们在正式的规则之外不得不寻求各种私人庇护关系,即俗称的"走后门"。由于潜规则本身是没有固定内容和标准的,所以整个社会等于处于没有规则的状态。潜规则盛行这种问题的实质是社会利益分配机制的失衡,而利益分配机制的基本途径就是权利。其实正是对权利普遍保护的缺失,才导致强势群体能够垄断其优势地位,弱势群体只能处于劣势地位。要想打破潜规则对正式规则的架空,首先必须实现对每个公民平等的权利保护,让权利去约束权力,才能逐步建立起公平正义并行之有效的正式规则。

不止于此,越来越严重的认同性焦虑很可能消解政治意识形态,侵蚀执政权威。长期以来,政治意识形态扮演着维系合法性的角色,而随着经济社会发展,公权无为、滥为与贪腐现象与日俱增,政治体制改革却迟迟未能开启,与之相伴的种种社会问题却层出不穷,"政绩困境"日趋严重,政治意识形态影响力减弱,认同性不断流失,无疑在终极意义上侵蚀着执政权威。

(二) 社会信任流失

社会焦虑的泛滥,会导致社会信任的流失,即加剧利益区隔与诚信危机,最终强化阶层对立。

中国 40 多年的改革开放使整个社会面貌发生了巨大的变化,人们的思想意识、谋生手段与生活方式等都趋于多元化。与之相适应,社会结构也发生了巨大变化,新社会阶层不断涌现,原有社会阶层也发生了剧烈分化。伴随着大规模的利益分化与重组,社会矛盾的数量与类型均大量增加,利益的区隔导致社会共识日渐稀薄。

当前中国社会面临着诚信危机,这已经是各界基本的共识。诚信缺失几乎表现在社会生活的方方面面,首先是假冒伪劣商品的泛滥,其次是各种形式的诈骗层出不穷。造成诚信缺失的首要原因，是我们主流的价值引导出了问题。其次，相关制度建设的滞后和实施不力，导致失信行为不能得到应有的惩罚，违反公共道德的成本极低。

利益区隔与诚信危机，降低了社会安全感，引发社会信任的流失，瓦解社会纽带，最终必然会在社会阶层日益固化的基础上，进一步加剧社会阶层分化与对立，使社会共同体的存在无以维系；必然助长短期行为，使政府难以实施长期的建设规划、市场难以进行长期的投资规划、社会难以促成长期的整合规划，人们对未来的预期产生种种不确定性，从而在终极意义上损耗改革成果。

（三）社会行为失控

社会焦虑的泛滥，最终会突破意识层面而发展成现实行为，导致社会行为失控，助长社会戾气，诱发种种极端行为与群体性事件。

早些年，笔者曾提出过"泄愤"的概念，就是在人们心中有一些愤怒需要宣泄出来。这些年，情况有些不太一样了。最明显的变化是，社会各个阶层都不同程度地出现了这种状态，社会"变狠"，不局限于哪个阶层。得不到利益，或者利益受到侵害，不高兴，这很容易理解；但现在即使是得到利益比较多的人，也变得愤怒。这不是一种"具体"的气、愤、怨、怒，不是特定之人对特定之事的怒气冲天，而是不特定之人因不特定之事引发的普遍和长期的愤怒。因为存在这样一个共同、本质的特征，笔者将其称之为"抽象愤怒"。

这种极端化的心态日益将整个社会割裂为强者与弱者对立的两极，并心理预设强者一定是恃强凌弱、为富不仁的，而弱者一定是饱受摧残、求告无门的，直观的表现形式就是我们耳熟能详的"仇官、仇富"。社会心态的暴力化，根源于法治的缺失。没有法律作为稳定的社会行为规则，基本的权利得不到有效的保障，人们的行为就缺乏长远稳定的预期。

心态的暴力化体现在政治行为中，就是民众的暴力反抗行为。行为倾向的暴力化不只限于极端的个人，而是呈现出一定的群体性状态，诸如个别"社会泄愤事件"就是典型的群体性暴力行为。

客观上看，随着经济社会的快速发展与进步，人们对改革发展的预期普遍提高，但由于种种原因，部分公众的诉求长期得不到有效回应，导致他们心态失衡、扭曲，一件很小的事情，就可能激发社会潜在矛盾，导致社会成员借机宣泄不满情绪，成为社会矛盾冲突的"导火索"。

由于利益诉求得不到满足、对行政当局失望以及对国家治理缺乏稳定预期，极端异化行为的指向对象可能不仅仅是施加压力的强势者，实施极端行为者的生存压力和无法释放的不满可能都会驱使他们将整个社会作为宣泄对象，甚至指向无辜的普通民众。

现在的问题是，由于大家都千方百计助力孩子的智力发展，忽略了孩子的精神世界的培养和锻造，家长们动不动就到学校去提出不符合教育规律的问题，这就造成了现在的孩子大多都那么的自私、自我、麻木不仁。

孩子的精神世界的培养和锻造，小学不会管，只停留在教知识层面；中学只关注有可能考上大学的学生；大学只关注安全就完成任务了。

学校也成了一个实实在在的弱势群体，大学生已经达到法律规定的行为能力人条件，但不能自己处理自己的问题，家长动不动就冲锋在前，致使大学不能按规章制度开除违规、违纪的学生，大学生在校外租房、同居已经可以说不是特例，这样的接班人能成大器吗？能担当历史责任吗？

第五章　青春期的遇见

对于青春期的子女教育你有什么招数？
和孩子一起成长的你知道该怎么样教育和引导孩子吗？

一棵小树在成长过程中必须经历的是一年四季的风吹日晒，阴晴圆缺，电闪雷鸣，暴力平和。每一个节点都不是刻意的安排，而是自然的选择。想要的不一定有，不想要的不一定就不来，往往事与愿违，这就是每一个生命从生到死的一个生存法则，谁也不例外。可以说，青春期是每一个人都无法回避、必须面对的一个问题。青春期问题有共性特质也有个性特质，个性特质往往被人们认为是一种不正常状态。这一点很可怕，有不少案例可以证明其可怕程度的严重性。

在我们周围就有这样案例：

一名很优秀的男性中学生，因为思念在火车上路遇的一个女孩，当寻找无果后，出现极度的烦躁。

一个男生一心寻找从小就没有见过的父亲，当与亲生父亲相见时，没有获得父亲的心理支持和情感的慰藉后，辍学在家，后来发展成为真正的精神病，现已40多岁，独立生活已经成为问题。这是一个单亲家庭的悲剧。

一个父母特别呵护的女孩，青春期总是主动找班上成绩最差的男生交朋友，由于父亲年龄大，母亲文化水平不高，一直没有受到很好的指导和咨询的帮助，只是一味地被批评和不停地转学，女儿好像着了迷似的，不论在哪个学校都会寻找到最差男生交友，家父无奈，气得患病早亡。女儿成人后的生活也不是她自己想要的生活。

一名在家长关注下成长起来的男生，由于个人相貌有点残疾，青春期遇到了不少不合理的事情。但由于家长的明智教育，为孩子生活铺路，该男生成人后不仅有了一份力所能及的工作,而且成家立业、养育子女、孝敬父母,成为周围人常常称赞的人。

于是我们有理由认为,青春期的问题是需要合理关注的问题,有问题不怕问题,是问题提升了生活品质;是问题使你收获了幸福感;没有问题的生活是最大的问题,空虚寂寞就会成为主要问题。下面的问题你可能遇到过或者有可能遇到,不妨用心读一读、想一想,对家长、咨询师都会有帮助的。

一、成长困惑

(一) 青春期生理与心理特点

这是人一生中都必须经历的一段刻骨铭心的时段。主要困惑在于性的生理发育,伴随着心理和行为上的显著变化,最突出的表现是对异性产生一种难以消除的兴趣,一种爱恋、思慕、亲近的情感,有时还会出现性欲冲动。夜间性梦时有发生,丧失、分离、乱伦、阉割等让人匪夷所思的噩梦接踵而来,甚至于男女亲密、性交、遗精、来例假等不可名状的事件都在梦里发生,不过这种情感情绪通常并不是泛泛地指向任何一个异性,而是更容易受自己感到满意的同龄人的吸引。这种与性有关的心理活动和行为表现,从生物学上反映出性器官发育趋向成熟,即将具备繁殖后代的生育能力。这就是通常所说的无意识的生存本能。此现象,也往往使人出现一些成长困惑和迷茫。

(二) 青春期性的萌芽是人类生存本能的体现

生存本能是人和动物所共有的一种赖以生存的天赋能力。例如进食的行为就是动物一种生存本能,食欲是驱使动物进食的心理激励因素。没有食欲,动物就不会产生进食的动机和行为。动物不知道性欲与繁殖之间的关系,只是在性欲的驱使下亲近异性、追求异性,通过性行为获取性欲的满足。性欲得到满足也就实现了繁殖后代的生存活动。所以性行为就是繁殖后代的生存本能，没有这种本能，动物就会绝种。

青春期异性之间的互相爱慕、亲近，甚至出现性欲冲动，实际上就是受繁殖本能驱使的表现。青春期青少年心理和行为上发生的变化也正是出于这种原因。由于繁殖后代是人类得以生存的保证，因此性欲冲动的强烈程度也就超过了其他的生理欲望。生物在进化过程中通过适者生存的自然选择，形成了以强烈的性欲诱惑驱使动物，也包括人类，去完成繁殖生命的本能。青春期出现的性心理、性行为就是这种生存本能的具体表现。但是，由于青少年缺乏必要的性知识以及社会环境对性的压抑，常常使青少年对性的问题产生困惑，如果我们不善加引导的话，有时将导致十分严重的后果，甚至影响青少年的一生。

有一个相当典型的案例正说明了这个问题。求助者，一位男大学生，自述在上初中三年级的时候，自己突然在晚自习上，阴茎勃起，心跳加快，难以抑制对某女同学的冲动，于是他把自己的想法告诉了最要好的一位男同学，结果这位男同学在一次晚自习后告知了老师，老师找他训了话，给他的训话内容是，"这是一种不道德的流氓行为，必须立即制止"。之后，告知了他的父亲，由此可怕的事情发生了，当他周末回到家的时候，严厉的父亲，怒目而对，上来就是一个大嘴巴，并且训斥道："你是中国最坏的男人！"之后他也逐渐确认自己可能就是最坏的男人。高中阶段自己有意选择了离家较远的中学，这样初中的同学就很少了。每当他出现对女生冲动的感觉时，他就不停暗示自己不要这样，宁可让自己头疼也不能做最坏的男人，长期的压抑一直延续了好多年，逐渐地形成了一有冲动就头疼不止，大学中一遇到男女同学手拉手或者拥抱、亲密的举动他就很难受，甚至于两只胳膊也开始了疼痛。寻诊医学几年也没有解决问题，每天想方设法转移情绪，打篮球、踢足球虽然很疲惫但都解决不了问题，上研二后只能休学在家，严厉的父亲和温柔的母亲整天陪着他四处求医问诊，苦不堪言。他的父亲一说话就泪流不止，是他毁了孩子……

(三) 心理咨询干预

①对青春期年轻人的性的困惑，要以宽容和理解的心态去对待，切忌

用成年人的标准去评判和指责，要善用潜在的条件，诱导其向正确的方向发展。

②由于青春期对性的问题知之甚少，顾虑多多，因此要解除年轻人的顾虑，教给其正确的性生理和心理知识，使之健康成长。

③当今青春期过早来临，会出现一些自我性别认同感的缺失，对出现的个别极端言语及行为要进行有效的控制和干预，在拒绝咨询沟通的前提下，要设法利用间接的咨询技术来达到影响当事人的目的。尽量避免直接说教和硬性灌输，迂回是最好的润物细无声的有效方法。

④咨询是两方面的，一方面是为求助者家长而进行的共同成长咨询和青春期生理、心理知识普及；另一方面就是孩子本身，建立正确的认识观、交友观和价值观。

个案咨询示例——被"性幻想"击倒的年轻人

咨询者胡某，男，19岁，高三复读生。

咨询者自述在初中时开始朦朦胧胧意识到异性的诱惑，急于想了解其中的秘密，于是从一切可以见到的书籍和画面中寻找这方面知识，在不知不觉中变得难以克制，总是去想这些东西。无论是在空暇时，或是在上课时，甚至夜晚也不能入睡，脑子里总是浮现那些激动人心的场面，不能自拔。到高中时，又发展到一个新的阶段，不仅将脑子里浮想的情节和画面写成小说之类的文章，而且边想、边写、边手淫，获得一种强烈的快感。在此过程中，学习成绩节节下降，由班上的尖子生变成了落后生，自己觉得非常后悔，也觉得自己十分无聊和可耻，后悔浪费了大量的时间和精力，于是将所有的文字付之一炬，心中暗暗发誓，决不再想这些乱七八糟的东西，绝不再写了，决不手淫了。但过不了多久，又欲火重燃，无论怎么克制都克制不了，甚至省吃俭用、千方百计去购买有关的书籍和图画，最多时竟塞了一柜子。就这样，写了又烧，烧了又写，买了又烧，烧了又买，在这种恶性循环中度过了高中三年。其中，父母好几次发现了这些"杰作"和收集的书画，他们大发雷霆、痛斥、训骂，胡某自己也感到羞愧无比，追悔莫及，并下定决心，痛改前非，但最终还是失败了。到高考时，自己已经变得"人不像人、鬼不像鬼"，记忆力严重下降，无论是学习上还是日常生活中的事全部记不住；理解力也不行了，很多东西老师讲好几遍都无法理解；更可怕的是造成了严重的失眠。即使后半夜勉强睡着了，也是整晚做梦，经常惊醒，因此白天精神萎靡不振，哈欠连天，学习效率极低，这种状态怎么能参加高考？自然是名落孙山。现在，父母花了上万元钱给自己重新复读，自己觉得不能再对不起父母了，但自己知道要戒除这种恶习，一定要借助心理治疗。现在觉得自己的脑子里似乎积了一层厚厚的尘土，希望心理医生能够帮助清理一下，去除心理障碍，戒除恶习，使自己振奋精神，恢复清晰敏捷的思维，重新培养对学习的兴趣，争取明年考上大学。虽然咨询者到现在才借助心理医生的帮助似乎有些迟了，但"亡羊补牢，为时未晚"，只要咨询者有戒除恶习的决心，还是有恢复的希望的。经心理咨询干预后，进行催眠治疗。

①合理认知——首先应该让咨询者知道青春期出现"性幻想"是很正常的现象，这是人从儿童期进入青春期的自然现象。青春期性的生理发育，伴随着心理和行为上的显著变化，最突出的表现是对异性产生一种难以消除的兴趣，一种爱恋、思慕、亲近的情感，有时还会出现性冲动。这种与性有关的心理活动和行为表现，从生物学上反映出性器官发育趋向成熟，即将具备繁殖后代的生育能力。这就是通常所说的无意识的生存本能。但是，由于青春期各方面还没有完全发育成熟，又处于求学阶段，因此不应该过于沉溺其中，因为随着年龄的增长，以后有的是机会去体验男女之间的爱情和性的欢愉，现在的主要任务是学习和求知，如果本末倒置的话，就会丧失人生中最宝贵的求知时期，浪费大好的青春年华，到时候就追悔莫及了。

②激励内省——让咨询者知道，青春期有50%以上的男女青年有过性幻想，这都是十分正常的，但为什么其他人没有沉溺其中，而偏偏咨询者会如此强烈地沉溺其中呢？这里什么因素起作用了？由此引导咨询者反省自己的性格弱点，意志力薄弱是最主要的弱点，缺乏克制能力，不能用理智控制自己的行为，应该从细小的事情上练习用理智来控制自己的行为，要让自己的行为永远置于自己的控制之下，这样才能实现自己的理想。否则一切都是空想和空谈。

③情绪疏导——由于咨询者长期的性幻想导致精神高度紧张和焦虑，因此应缓解其紧张焦虑的情绪，用舒缓的音乐让其放松下来，并通过名人名言和警句激励其意志力，使其在轻松愉快中领悟人生的真谛。

④改变行为——要根治咨询者的性幻想恶习，一定要用行为治疗的方法。催眠想象疗法——让咨询者想象自己回到了以前全神贯注学习的场面，那时自己注意力集中，成绩优异，上课积极举手发言，课后认真复习预习，精神饱满，心情愉快。然后暗示咨询者治疗以后就会回到像以前这样的状态，以更加饱满的精神、更加振奋的状态，投入到学习中去。

经过两个疗程的治疗，咨询者戒除了性幻想的恶习，精神状态明显好转，睡眠问题解决了，学习的注意力和理解力也得到了提高，表示有信心维持这种状态，把全部精力投入到学习中去。

结束治疗。然后暗示他"每次一想到这些事情就会有头昏头痛，无法再想下去。一不想了，头脑就会很清醒和舒服。"并让咨询者去体验。经过多次的练习，让咨询者形成条件反射，每次一有性幻想，就会头痛头昏。唤醒后还要进行检验，直到确信咨询者已经形成这样的条件反射。

⑤催眠暗示——"你已经完全戒除了性幻想的恶习，以后再也不会乱七八糟地想了。你一进入学习状态，就会注意力高度集中，觉得非常有兴趣，理解力也很强，头脑清醒灵活。晚上也不会失眠了，一上床就会睡着，晚上无梦，一直睡到第二天早上醒来，睡眠充沛，精神振奋，又可投入全天的学习之中。你现在整天过着紧张而又充实的学习生活，根本没有闲暇和精力去想别的事情，你也不愿意去想其他事情，现在你的全部任务就是搞好学习，迎接高考，你一定会以优异的成绩证明你自己的。"

这个典型的个案运用心理咨询方法好像效果不大，我接手后运用我自创的四层面咨询与治疗的方法解决了这位优秀学子长期的困扰。从思维方法、情绪情感、躯体症状和行为方式入手，注意化简问题、消除障碍。从每次治疗后看到的微笑表情、听到的自信言语，我知道他能好起来。他真的一天一天好起来了，陪伴的父母也有了久违的笑容，他返校读研了。

（四）青春期常见的性问题

1. 性自慰行为

自慰行为是指在没有异性参与时所有自我进行的满足性欲的活动。一般有性幻想、性梦和手淫三种形式。

（1）性幻想

性幻想是指人在清醒状态下对不能实现的与性有关事件的想象，是自编的带有性色彩的"连续故事"，也称作"白日梦"。处于青春期的少男少女，对异性爱慕渴望很强烈，但又不能与所爱慕的异性发生性行为以满足自己的性欲。这样就把曾经在电影、电视、杂志、文艺书籍中看到过的情爱镜头和片断，经过重新组合，虚构出自己与爱慕的异性在一起的情形。这种幻想可以随心所欲地编，编得不满意再重编；毫无顾忌地演，演得不理想再重演。进入角色之后，还伴有相应的情绪反应，可能激动万分，也可能伤心落泪。这种性幻想在入睡前及睡醒后的那一段时间，以及闲暇时较多出现。部分人可导致性兴奋，女孩性器官充血，男孩射精，有的还伴随有手淫出现。这种性幻想在中学生中大量存在。据国外一些资料报道，大约有27%的男性和25%的女性，肯定他们在完全没有性知识时就有了性幻想；28%的男性和25%的女性，在青春期前就有这种性幻想。据国内调查，19岁以下的青少年中，有性幻想的占68.8%。如果这种性幻想偶然出现，还是正常的、自然的；如果是经常出现，以幻觉代替现实，可能会导致病态，应当引起注意和调节。

（2）性梦

性梦是指在睡梦中与异性发生性行为，达到性满足的现象。据国外资料报道，性梦的发生率男性多于女性；男性多发于青春期，女性多发于青春期后期。男性有性梦常有射精（梦遗），一般性梦越生动逼真，肉体快感越大，梦中的情人多为不认识或仅仅见过面的女性，而且醒后一般回忆不起每一个细节。女性的性梦不同于男性的是睡醒后能回忆起梦的内容，并可影响自己的情绪和行为，这在具有癔症性格特点的女性更为显著。性梦的出现是无法受意识支配的，它是性欲得不到排解、自我压抑等转入梦境后得到满足的一种生理活动，对他人无任何伤害，但起到了排解性欲的作用，因此是一种自慰行为。研究表明，性意识越强烈、压制越深，性梦出现的可能性就越大。

（3）手淫

手淫是指通过自我抚弄或刺激性器官而产生性兴奋或性高潮的一种行为，这种刺激可以通过手或是某种物体，甚至两腿夹挤生殖器即可产生。在青春期，男女均可发生手淫，以男性更多见。手淫是一种自慰手段，是释放性能量缓和性心理紧张的一种措施。当然，手淫过度也是不利的，过度的手淫会使肉体的性感高潮在无须异性的正常诱惑下就得以满足，这是一种异常的、变态的性满足方式。

其实通过手淫来释放和缓解性压抑和心理紧张感不是完全错误的行为，只是不可频度过高，对身体和心理也没有太大的不良影响。如果频度过高，每周超过两次的话，对身心成长是有害无益的。有一位30岁的女士咨询我说，男友28岁，严重阳痿，根本就不能过夫妻生活，究其原因是在上体校阶段天天手淫，甚至有过几个女友，造成自己的夫妻生活全无，各种方法都尝试过，保健品、中医、伟哥、心理治疗都没有起到效果，咋回事？我试着问："身体是否有其他问题"？她回答说："他痔疮很严重，每次大便都便很多血。"我又问："是不是他很在意过性生活"？她回答："我们急着生孩子啊"？最后我告诉她："需要做一个疗程的心理咨询，同时要治好痔疮，他的问题是可以解决的"。

2. 早恋

早恋的概念一直在演化，2000年之前普遍认为初中生谈恋爱就是早恋，在咨询过程中发现从小学开始就有了早恋的现象。何谓"早恋"？在不同社会制度，不同时代，乃至对不同的人没有一个统一的客观标准。就目前我国的实际情况及社会规范来说，中小学生谈恋爱就属于早恋，主要原因有以下两个方面：一是中学生学习任务繁重，早恋会分散大量精力，势必影响学业。二是中学生经济生活的自立程度尚未独立。恋爱的目的是两性的结合并成婚。这是需要经济上独立、生活上自立，而且有能力承担家庭责任的，中学生显然不具备这个条件。近年来的全国性调查显示，中学生的早恋已占相当大的比率。早恋的学生一部分是学习成绩优秀的班干部，因工作需要有更多的机会接触异性，有威信、有号召力容易引起异性的注意和追求；另一部分是学习成绩较差及家庭不健全的学生，学习不好，心理压力大，容易移情于两性交往，家庭不健全的同学缺乏父爱和母爱，感情饥渴，以寻求来自同龄人的关怀。当前中学生早恋一直是人们广泛关注的社会问题。早恋在一定程度上带来了影响学业、性行为低龄化、诱发犯罪等不良后果。因此，中小学生谈恋爱一直被社会所否定。

概括起来，中小学生早恋有以下特点：一是朦胧性，对两性间的爱慕似懂非懂，不知如何去爱。二是单纯性，只觉得和对方在一起愉快，对方有吸引力，缺乏成年人谈恋爱对对方家庭、政治、经济等多方面的深沉而理智的考虑。三是差异性，表现为女生有早恋的较早、较多，可能与女生发育较早有关。四是不稳定性，早恋成功者实在少见，两个人随着各方面的不断成熟，由于理想、志趣、性格等方面的变化可以引起爱情的变化：恋爱越早，离结婚之日越长，就夜长梦更多，缺乏稳定性。五是冲动性，缺乏理智，往往遇事突发奇想，莽撞行事，一时冲动不计后果。有的心血来潮发生性交，饱尝苦果；有的聚散匆匆，聚时无真情，散时不动容，轻率交往，滑向道德败坏的泥潭之中。

对于早恋问题请家长不要过于担心，尤其不要过于指责、谩骂、动手，也不要去找对方的不是，只需要和孩子好好地沟通就会有很不错的效果。

（1）父亲和儿子的对话范例

父亲："儿子！今天我有一个新发现。"

儿子："嗯？"

父亲："如果我的发现是对的，我就很高兴。"

儿子："什么发现？"

父亲："你是不是开始喜欢一个女生了？"

儿子：（惊讶不语）

父亲："没事，爸爸小时候也遇到过同样的问题……"

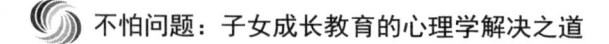

这样的对话，父子之间就能很好地沟通，接下来的对话，就不存在抗拒心理了，儿子就会把爱的种子深深地埋藏在土壤里，待日后长大再发芽结果。

（2）母亲和女儿的对话范例

妈妈："闺女，近来学习压力是不是很大？"

女儿："没有啊！"

妈妈："我是觉得你长大了，有点神秘感？"

女儿："咋啦？"

妈妈："是不是有个帅哥喜欢上你了？"

女儿：（低头不语）

妈妈："没关系的，有就给妈妈说说啊？"

妈妈："妈妈小时候也遇到这样的事情……"

这样探讨式的沟通，一般是比较畅通无阻的，孩子会在内心觉得爸爸或妈妈还是很关心自己的，只有沟通畅通就不会出现什么不可把控的事情，为孩子的未来谋划，为孩子的幸福助力，孩子会佩服你，把你当闺蜜，有利于孩子健康成长。

二、焦虑与抑郁

青春期孩子的生理和心理发育非常不平衡，其心理水平尚处于从幼稚向成熟发展的过渡时期。这时孩子的心理成熟程度，不足以抑制住生理的躁动，非常可能冲破现行法律规范与社会伦理道德走上犯罪道路。

（一）青春期的状态

一位 15 岁少年说，看了男欢女爱、打情骂俏等露骨镜头后，脑子里全是影片中的情景，在好奇心的驱使和内在低级本能的诱惑下，越看越上瘾，总想试一试。问题的原因有以下四个方面。

1. 青春期是一个变化时期

青春期是少年身心变化最为迅速而明显的时期，在这个时期，男性的身体、外貌、行为模式、自我意识、交往与情绪特点、人生观等，都脱离了儿童的特征而逐渐成熟起来，更为接近成人。这些迅速的变化，会使少年产生困扰、自卑、不安、焦虑、暴躁等问题，甚至产生不良行为。因此，青春期是一个既可以预测、又不可预测的时期。也就是说，在这个时期，人从儿童向成人发展是可预测的，但是在发展过程中会出现什么情况或问题则是不可预测的。

2. 青春期是一个反抗时期

著名的德国儿童心理学家夏洛特·彪勒就曾把青春期称之为"消极反抗期"。由于身心的逐渐发展和成熟，个人在这个时期往往对生活采取消极反抗的态度，否定以前发展起来的一些良好本质。这种反抗倾向，会引起少年对父母、学校以及社会生活的要求、规范的抗拒态度和行为，从而会引起一些不利于他们的社会适应和教育成长的心理和行为问题。

3. 青春期是一个负重时期

从青春期男性所负担的各种义务、责任，从他们所要应付的各种问题来看，青春期也是一个负担很重的时期。青春期是过渡时期，少年要逐渐担负一部分由成人担负的工作，环境可能不断把一些由成人来办理的事项交给他们去办理，加重了他们的负担，但这些负担是他们成熟所不可缺少的，如果不增加负担，日后不可能成熟。青春期是一个发展的时期，这就决定了他们要应付身高、体重、肌肉力量等的发育成熟，特别是性的发育成熟所引起的各种变化及问题，心理压力相对增大过速。青春期是变化的时期，这决定了他们必须在抛弃各种孩子气、幼稚的思想观念和行为模式的同时逐步建立起较为成熟、更加符合社会规范的思想观念和行为模式。青春期是价值观形成的一个关键时期，所以在这一时期需要付出的心理能量和生理能量也是很有分量的。青春期是个反抗的时期，这决定了在应付自己的反抗倾向的同时，还要极力维持和保护与社会的正常关系。此外，异性兴趣、异性交往、繁重的学习任务等也给他们的身心造成极大的负担，有时候还成为主要矛盾。诸如此类的问题客观呈现，不仅给孩子本人带来成长的焦虑和烦恼，同时也给家长带来不知如何是好的焦虑和该如何帮助孩子、引导孩子的知识性空缺的烦恼。

4. 性别差异化发展

（1）女性青春期的生理特点

对于女性，青春期是指从月经来潮到生殖器官逐渐发育成熟的时期。一般从13岁到18岁左右。而现在有些在9—11岁就来月经了，究其原因与大量垃圾食品的食用有关系，这是发展中出现的新问题。

这个时期的生理特点是身体及生殖器官发育很快，第二性征发育，开始出现月经。

①全身发育：随着青春期的到来，全身成长迅速，逐步向成熟过渡。

②生殖器官的发育：随着卵巢发育与性激素分泌的逐步增加，生殖器官各部分也有明显的变化，称为第一性征。外生殖器从幼稚型变为成人型，阴阜隆起，大阴唇变肥厚，小阴唇变大且有色素沉着，阴道的长度及宽度增加，阴道黏膜变厚，出现皱襞；子宫增大，尤其子宫体明显增大，使子宫体占子宫全长的2/3；输卵管变粗，弯曲度减少；卵巢增大，皮质内有不同发育阶段的卵泡，使表面稍有不平。

③第二性征：是指除生殖器官以外，女性所特有的征象。此时女孩的音调变高，乳房丰满而隆起，出现腋毛及阴毛，骨盆横径的发育大于前后径的发育，胸、肩部的皮下脂肪更多，显现了女性特有的体态。

④月经来潮：月经初潮是青春期开始的一个重要标志。由于卵巢功能尚不健全，故初潮后月经周期也无一定规律，须经逐步调整才接近正常。

青春期生理变化很大，月经来潮时间也比过去早了很多，好些小女生在9岁就来月经了，所以情绪也常不稳定，家庭和学校应注意其身心健康的发展。

（2）男性青春期的生理特点

从儿童过渡到青年的青春期，是"人生的第二次诞生"，心理学家称这一时期为"第二次危机"。如果说人生的"第一次危机"——"断乳危机"是在温暖的襁褓中度过的，幼儿的反抗充其量也不过是无力的挣扎、无望的哭闹。那么，人生的"第二次危机"——从精神上脱离父母的心理"断乳"，却来势迅猛，锐不可当。此时身体将发生一系列引人注目的生理变化,这个时期是男子成长发育的最佳时期。无论在形态上,还是生理上,都有较大的改变。除身高、体重猛增外,主要是第二性征发育,如声音变粗,胡须和腋毛开始长出,生殖器官也逐渐向成熟的方面发展,长出阴毛,睾丸和阴茎增大,性腺发育成熟,并开始有遗精现象。性格上也变得成熟、老练、稳重和自信起来,不再像小孩那样幼稚和无知了。

那么,青春期是怎样启动的?近几年的研究表明,是由人体内一种叫作促性腺激素的生理活性物质所调控的,它影响着发育,并使其分泌性激素,以维持第二性征的发育及生殖功能和性功能。男子青春期开始时,促性腺激素 PSH 水平升高,促使睾丸逐渐发育,曲细精管发育完善,生精细胞发育成熟,产出精子。与此同时,促性腺激素 CH 水平也升高,促使睾丸内的间质细胞发育,并产生男性激素——睾酮,促进男性生殖器官进一步发育和第二性征的发育。

青春期的到来,标志着男性发育至成年时期的开始,将是一个成熟的、具有繁殖后代、延续种族生命能力的个体。这是男性一生中最重要的时期,它与社会、家庭教育、个人的生活成长及精神心理状态有极为密切的关系。男子到了青春期,由于性欲成熟,在雄性激素作用下,会有性要求,对女方产生爱慕之情,这完全是青春发育过程中伴随着生理发育所产生的一种心理变化,属正常现象。但处理不好,缺乏应有的性知识,不讲究性道德,就容易犯错误。所以,有人又把这一时期称为"青春危险期"。

青春期又是决定一生的体质、心理和智力发育的关键时期。虽然这时身体抵抗力比童年时期增强了,但一些传染病、常见病如结核、肝炎、肾炎、心肌炎等并不少见,而植物神经(管理各种器官的平滑肌、心肌以及腺体活动的神经)功能紊乱、散发性甲状腺肿、甲状腺亢进、神经官能症等明显比童年期增多。所以青春期卫生是不容忽视的,要注意营养、休息,还要努力学习、锻炼身体,为一生的健康和工作打下良好的基础。

在第二性征发育的同时,青少年在心理或生理上都有了改变。一般来说性情显得较为忧虑、暴躁,对看不惯的事较易发脾气,但对异性却充满了兴趣,对"性"产生了好奇。这种心理、情绪、行为等方面的变化受文

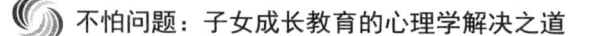

化媒体及社会因素影响较大，称为第三性征。这方面并无明确的生理基础，而是由社会性别角色的获得而形成的。

（二）青春期焦虑症

随着第二性征的出现，个体对自己在体态、生理和心理等方面的变化会产生一种神秘感，甚至不知所措。诸如女孩由于乳房发育而不敢挺胸、月经初潮而紧张不安；男孩出现性冲动、遗精、手淫后的追悔自责等，这些都将对青少年的心理、情绪及行为带来很大影响。往往由于好奇和不理解，出现恐惧、紧张、羞涩、孤独、自卑和烦恼等情绪反应，还可能伴发头晕头痛、失眠多梦、眩晕乏力、口干厌食、心慌气促、神经过敏、情绪不稳、体重下降和焦虑不安等症状。患者常因此而长期辗转于内科、神经科求诊，而经反复检查并没有发现任何器质性病变，这类病症在精神科常被诊断为青春期焦虑症。

1. 表现症状

无明显原因的恐惧、紧张发作，并伴有植物神经功能障碍和运动性紧张。临床上可分为急性焦虑发作和广泛性焦虑症两种类型。发病于青壮年时期，男女两性发病率无明显差异。

焦虑是一种不愉快的、痛苦的情绪状态，同时伴有躯体方面的不舒服体验。而精神专家张晶指出焦虑症就是一组以焦虑症状为主要临床表现的情绪障碍，往往包含以下三组症状。

（1）躯体症状

患者紧张的同时往往会伴有自主神经功能亢进的表现，像心慌、气短、口干、出汗、颤抖、面色潮红等，有时还会有濒死感，心里面难受极了，觉得自己就要死掉了，严重时还会有失控感。

（2）情绪症状

患者感觉自己处于一种紧张不安、提心吊胆、恐惧、害怕、忧虑的内心体验中。紧张害怕什么呢？有些人可能会明确说出害怕的对象，也有些人可能说不清楚害怕什么，但就是觉得害怕。

(3) 神经运动性不安

坐立不安、心神不定、搓手顿足、踱来走去、小动作增多、注意力无法集中、自己也不知道为什么如此惶恐不安。

2. 应对问题的方法

(1) 疏导法

疏导法是治疗焦虑症的一种心理疗法，主要是根据不同患者或不同病情采用劝导、启发、说明、鼓励等方法，帮助患者自我领悟，增强治病的信心，调动治疗的能动性，从而达到治疗和康复的目的。

(2) 暗示法

治疗焦虑症有哪些方法？专家说，暗示法也是焦虑症的缓解方法之一，它主要是在患者清醒或催眠的状态下进行的，可通过催眠暗示疗法使患者进入催眠状态，然后用言语进行暗示。

(3) 行为法

人的各种行为都是经过学习和训练得以调整和改造，并建立新的正常的行为，这就是行为疗法的理论基础，行为疗法一般有系统脱敏法、厌恶疗法、行为塑造法、标准奖励法、松弛疗法、技能指导法、自我调节法、生物反馈法，等等。

(4) 认知法

人的任何心理过程都是在意识的支配下完成的，当人的认知产生偏差或做出错误评价与解释时，就会导致不良情绪与行为的产生。因此，认知法就是一种很好的治疗焦虑症的心理方法。

(三) 青春期抑郁症

青少年是备受社会和家庭关注的一个群体，青少年抑郁症更容易引起家庭和社会的关注，青少年抑郁症在一定程度上会影响到他们的身心成长，因此对青少年抑郁症的治疗一定要及时、彻底，作为家长在对青少年抑郁症患者的日常护理上要更加仔细。

1. 症状表现

青少年抑郁症到底有哪些表现呢？又该如何正确地进行辨别呢？对此，

专家表示,青春期抑郁症最常见的症状表现归纳起来主要有以下六种。

(1) 青春期逆反

据解放军国防大学医院精神科专家介绍,青少年抑郁症患者在童年时对父母的管教言听计从,到了青春期,不但不跟父母沟通交流,反而处处与父母闹对立。一般表现为不整理自己的房间、乱扔衣物、洗脸慢、梳头慢、吃饭慢、不完成作业等。较严重的表现为逃学,夜不归宿,离家出走,要与父母一刀两断,等等。

(2) 身体不适

青少年抑郁症患者一般年龄较小,不会表述情感问题,只说身体上的某些不适。如有的孩子经常用手支着头,说头痛头昏;有的用手捂着胸,说呼吸困难;有的说嗓子里好像有东西,影响吞咽。他们的"病"似乎很重,呈慢性化,或反复发作,但做了诸多医学检查,又没发现什么问题,吃了许多药,"病"仍无好转迹象。

(3) 情绪低落

很多青少年抑郁症患者在面对达到的目标、实现的理想、一帆风顺的坦途,并无喜悦之情,反而感到忧伤和痛苦。如考上名牌大学却愁眉苦脸、心事重重,想打退堂鼓。有的在大学学习期间,经常无故往家跑,想休学退学。

(4) 不良暗示

主要表现在两个方面:一是潜意识层的,会导致生理障碍。如患者一到学校门口、教室里,就感觉头晕、恶心、腹痛、肢体无力等,当离开这个特定环境,回到家中,一切又都正常。另一种是意识层的,专往负面去猜测。如自认为考试成绩不理想;自己不会与人交往;自认为某些做法是一种错误,给别人造成了麻烦;自己的病可能是"精神病",真的是"精神病",怎么办?等等。

(5) 适应不良

可能在学校发生过一些矛盾,或者根本就没什么原因,患者便深感所处环境的重重压力,经常心烦意乱、郁郁寡欢,不能安心学习,迫切要求父母为其想办法调换班级、学校等。当真的到了一个新的地方,患者的状态并没有随之好转，反而会另有理由和借口，还是认为环境不尽如人意，反复要求改变。

(6) 自杀行为

重症患者利用各种方式自杀。对自杀未果者，如果只抢救了生命，未对其进行抗抑郁药物治疗（包括心理治疗），患者仍会重复自杀。因为这类自杀是有心理病理因素和生物化学因素的，患者并非心甘情愿地想去死，而是被疾病因素所左右，身不由己。

2. 发病原因

(1) 青春期抑郁症的发病与遗传因素有关

家族内发生抑郁症的概率约为正常人口的 8~20 倍，且血缘越近，发病概率越高。调查发现，患青春期抑郁症的人中约 71% 有精神病或行为失调家族史。抑郁症儿童青少年的一级亲属终生患该症的比率在 20%~46%。在家族遗传方面，导致儿童抑郁症的危险因素包括：亲子分离或早期母婴联结剥夺；父母患有精神病；父母虐待或忽视；家族中有抑郁症和自杀史；某些慢性躯体病。

(2) 青春期抑郁症的发病与生化因素有关

如 5-羟色胺（5-HT）功能降低可出现抑郁症状，5-HT 功能增强与躁狂症有关。药理研究表明，中枢去甲肾上腺素（NE）和/或 5-HT 及受体功能低下，是导致抑郁症的原因。

(3) 早期生活经验方面的因素

先天易感素质的儿童经历创伤性体验后容易促发情感性障碍。有调查提到抑郁症儿童精神刺激事件比对照组多三倍。一个人早年和儿童时期不良的生活经历会使患抑郁症的可能性大大增加。

(4) 性格缺陷

如被动—攻击型人格、强迫型人格、癔症型人格等。有些学者认为急性抑郁症儿童病前个性多为倔强、违拗，或为被动—攻击型人格；慢性抑郁症则病前多表现为无能、被动、纠缠、依赖和孤独；隐匿性抑郁症患者病前有强迫性和癔症性格特征。

3. 造成的危害

（1）引发心理行为异常

青少年心理抑郁症患者只有靠自己忍受，以致造成心理和精神上的巨大压力，并陷入烦恼、孤独、恐惧等症状中不能自拔，会严重影响学习和生活。目前部分学生存在的精神低落、生活空虚、心理承受能力低、社会适应能力差、专业知识缺乏兴趣、学习效率下降、人际关系冷淡，以及说谎、考试作弊、破坏公物、畸形消费等厌学现象和吸烟、酗酒、焦躁易怒、打架等违纪行为，都是很好的证明。

（2）弱化社会适应能力

心理抑郁症给青少年带来的精神痛苦和折磨，有时超过躯体的心理疾病，甚至影响他们一生。青少年一般不愿将自己的病情告之于人，渐渐形成封闭、内向、孤僻的性格后，青少年的人际交往能力也逐渐弱化，无疑会给青少年未来的社会行为，尤其是就业，带来不利影响。

（3）精神残疾乃至自杀

青少年自身没有多少抵抗力，心理和大脑都没有发育完全，长期处于抑郁、孤独、情绪低落等这样的不良状态会越发地刺激受伤的大脑神经，最终造成精神残疾。此外，青少年心理防御能力是非常弱小的，忧郁的心理很容易让他们走上自杀的道路，例如，如今频繁的高中生自杀现象。

4. 调节方法

①有青春期抑郁症的孩子，在每次产生一个错误想法时，要及时记录下来，再写一个较为实际的答案，从实践中检验自己的错误想法，从多角度分析问题。

②家长要对自己的孩子进行正确的教导，让孩子承认自己有青春期抑郁症，多关心孩子，通过倾诉、转移注意力等方式帮助孩子消除焦虑情绪，增强信心，树立理想。

③多接受阳光与运动对抑郁病人的效果不错；多活动活动身体，可使心情得到意想不到的放松作用；阳光中的紫外线可或多或少地改善一个人的心情。

④规律与安定的生活是抑郁症患者最需要的,早睡早起,保持身心愉快,不要陷入自设想象的心理旋涡。在日常生活中尽量使性格逐渐外向,尽可能多和朋友交流。

5. 预防方法

(1) 多听音乐

在日常生活中应该多去听一些轻快、舒畅的音乐,这样不仅能给人美的熏陶和享受,而且还能使人的精神得到有效放松。因此,人们在紧张的工作和学习之余,不妨多听听音乐,让优美的乐曲来化解精神的疲惫。

(2) 自嘲而笑

发笑、幽默、自我解嘲。当处于尴尬、难堪的困境时,用不自主的发笑或故意开玩笑说俏皮话做自我解嘲,以减轻精神紧张的程度。

(3) 踏足旅游

假期多出门旅游,也不失为一种好方法,但应多选择远离城市喧嚣的原野和乡村,因为人与自然的关系远比人与城市的关系亲近得多。

(4) 放慢节奏

有意识地放慢生活节奏,甚至可以把无所事事的时间也安排在日程表中,要明白悠然和闲散并不等于无聊,无聊才没有意义。

(5) 允许犯错

沉着、冷静地处理各种纷繁复杂的事情,即使做错了事,也不要责备自己,要想到人人都会有犯错误的时候,这有利于人的心理平衡,同时也有助于舒缓人的精神压力。

第六章　遭遇问题的刻下

出现问题的时候你的意识在想什么？

问题的根源真的就是出错的错吗？

存在问题不回避，直面问题出方法，在多年的教育工作实践中有两种方法可供参考和借鉴。

一、静下心来走向内在

此时此刻，你在哪里？你在做什么？

从前有一个柴夫每天都到森林里去劳作，有时候受雨淋，有时候甚至挨饿。

有一个神秘人住在森林里，他看到那个柴夫变得越来越老，生病、挨饿，而且整天工作非常辛苦。他说："听着，你为什么不再前进一些？"

那个柴夫说："你所说的再前进一些是什么意思？砍更多的柴吗？没必要背那些柴走好几里路吗？"

那个神秘人说："不，如果你再前进一些，你就会发现一个铜矿，你可以将那些铜带到城里去卖，这样可以够你维持七天生活，你就不需要每天来砍柴了。"

那个柴夫想："为什么不试试看？"

他进入到森林里较深的地方，结果真的发现了铜矿，他觉得很高兴，他回来向那个神秘人敬礼。

那个神秘人说："现在还不要太高兴，你必须再进入更深的森林里。"

但是，他说："有什么意义呢？现在我已经有了十天的食物。"那个神

第六章　遭遇问题的刻下

秘人说:"你还要更深入…"

但是那个柴夫说:"如果我再前进,我将会失去铜矿。"

神秘人说:"你尽管去,当然,你将会失去铜矿,但是那里有一个银矿,你一天带回来的银子将够你维持三个月的生活。"

"关于铜矿的事,那个神秘人的确说对了。"那个柴夫想:"或许他所说的关于银矿的事也是对的。"结果他更深入森林之后真的发现了银矿。

他手舞足蹈起来,他说:"我要怎样报答你?我对你有无限的感谢。"

那个神秘人说:"但是再稍微深入一点的地方有一个金矿。"

那个柴夫觉得有些迟疑,事实上,他本来是一个很穷的人,如今有了一个银矿……那是他连做梦都从来没有想到过的。

但是既然那个神秘人说了,谁晓得?或许他仍然是对的。结果他真的又发现了金矿。现在只要一年来一次就可以了。

但是那个神秘人说:"你一年才来这里一次,那个时间真的是太长了,我已经渐渐变老,我或许不会再待在这里,我或许会过世。所以我必须告诉你,不要挖到金矿就停止,还要再往前一步……"

但是那个柴夫说:"为什么呢?这又是什么意思?你告诉我一件事,然后我一到手,你就立刻叫我停止,然后继续前进!现在我已经找到金矿了耶?"

那个神秘人说:"但是再稍微深入一点的地方就有一个钻石矿。"

那个柴夫当天就跑进去了,结果真的又发现了,他带回来一大把的钻石,他说:"这些已经够我一生享用了。"

那个神秘人说:"从此以后我们或许就不会再见面了,所以,最后我要给你的信息是:现在既然你已经有了足够的财富可以过一生,那么就向外走!忘掉那个森林、那个铜矿、银矿、金矿和钻石矿。现在我给你一个最终的奥秘、最终的宝物。你外在的需要已经被满足了,像我一样坐在这里。"

那个可怜的柴夫说:"是的,我也是在怀疑……所有这些事你都知道,为什么你还坐在这里?"在我的脑海里,这个问题一再一再地浮现,我本来也想问:

105

"你为什么不去采集那些钻石？那些钻石就只有你知道，为什么你还一直坐在这棵树下？"

那个神秘人说："在找到了钻石之后，我师父告诉我说：'现在坐在这棵树下，走向内在！'"

二、相信问题总能得到解决

只要心存相信，总有奇迹发生，希望虽然渺茫，但它永存人世。这样一来就不至于被问题困住，不至于使自己处于木僵状态。

美国作家欧·亨利在他的小说《最后一片叶子》里讲了个故事：病房里，一个生命垂危的病人从房间里看见窗外的一棵树，树叶在秋风中一片片地掉落下来。病人望着眼前的萧萧落叶，身体也随之每况愈下，一天不如一天。她说："当树叶全部掉光时，我也就要死了。"一位老画家得知后，用彩笔画了一片叶脉青翠的树叶挂在树枝上。最后一片叶子始终没掉下来。只因为生命中的这片绿，病人竟奇迹般地活了下来。

其实人生可以没有很多东西，却唯独不能没有希望。希望是人类生活的最重要的价值之一。有希望之处，生命就生生不息！

信念是一种无坚不摧的力量，当你坚信自己能成功时，你必能成功。

一天，一只黑蜘蛛在后院的两檐之间结了一张很大的网。难道蜘蛛会飞？要不，从这个檐头到那个檐头，中间有一丈余宽，第一根线是怎么拉过去的？后来，我发现蜘蛛走了许多弯路，从一个檐头起，打结，顺墙而下，一步一步向前爬，小心翼翼，翘起尾部，不让丝沾到地面的沙石或别的物体上，走过空地，再爬上对面的檐头，高度差不多了，再把丝收紧，以后也是如此。

其实蜘蛛不会飞翔，但它能把网结在半空中。它是勤奋、敏感、沉默而坚韧的昆虫，它的网织得精巧而规矩，八卦形地张开，仿佛得到神助。这样的成绩，使人不由想起那些沉默寡言的人和一些深藏不露的智者。于是，我记住了蜘蛛不会飞翔，但它照样把网结在半空中。原因在于不断地学习，问题就不是问题了，奇迹是执着者造就的。

三、咨询访谈得到的启示

（一）成功并不像你想象的那么难

并不是因为事情难我们不敢做，而是因为我们不敢做事情才难的。

1965年，一位韩国学生到剑桥大学主修心理学。在喝下午茶的时候，他常到学校的咖啡厅或茶座听一些成功人士聊天。这些成功人士包括诺贝尔奖获得者，某一些领域的学术权威和一些创造了经济神话的人，这些人幽默风趣，举重若轻，把自己的成功都看得非常自然和顺理成章。时间长了，他发现，在国内时，他被一些成功人士欺骗了。那些人为了让正在创业的人知难而退，普遍把自己的创业艰辛夸大了，也就是说，他们在用自己的成功经历吓唬那些还没有取得成功的人。作为心理系的学生，他认为很有必要对韩国成功人士的心态加以研究。

1970年，他把《成功并不像你想象的那么难》作为毕业论文，提交给现代经济心理学的创始人威尔·布雷登教授。布雷登教授读后，大为惊喜，他认为这是个新发现，这种现象虽然在东方甚至在世界各地普遍存在，但此前还没有一个人大胆地提出来并加以研究。惊喜之余，他写信给他的剑桥校友——当时正坐在韩国政坛第一把交椅上的朴正熙。他在信中说，"我不敢说这部著作对你有多大的帮助，但我敢肯定它比你的任何一个政令都能产生震动。"

后来这本书果然伴随着韩国的经济起飞了。这本书鼓舞了许多人，因为它从一个新的角度告诉人们，成功与"劳其筋骨，饿其体肤""三更灯火五更鸡""头悬梁，锥刺股"没有必然的联系。只要你对某一事业感兴趣，长久地坚持下去就会成功，因为上帝赋予你的时间和智慧够你圆满做完一件事情。后来，这位青年也获得了成功，他成了韩国泛业汽车公司的总裁。

其实人世中的许多事，只要想做都能做到，该克服的困难也都能克服，用不着什么钢铁般的意志，更用不着什么技巧或谋略，只要一个人还在朴实而饶有兴趣地生活着，他终究会发现，造物主对世事的安排，都是水到渠成的。

(二) 坚信永远的"坐票"

生活真是有趣：如果你只接受最好的，你经常会得到最好的。

有一个人出差，经常买不到对号入座的车票。可是无论长途、短途，无论车上多挤，他总能找到座位。

他的办法其实很简单，就是耐心地、一节车厢一节车厢地找过去。这个办法听上去似乎并不高明，但却很管用。每次，他都做好了从第一节车厢走到最后一节车厢的准备，可是每次他都用不着走到最后就会发现空位。他说，这是因为像他这样锲而不舍找座位的乘客实在不多。经常是在他落座的车厢里尚余若干座位，而在其他车厢的过道和车厢接头处，居然人满为患。他说，大多数乘客轻易就被一两节车厢拥挤的表面现象迷惑了，不大细想在数十次停靠之中，从火车十几个车门上上下下的流动中蕴藏着不少提供座位的机遇；即使想到了，他们也没有那份寻找的耐心。眼前一方小小立足之地很容易让大多数人满足，为了一两个座位背负着行囊挤来挤去，有些人也觉得不值。他们还担心万一找不到座位，回头连个好好站着的地方也没有了。与生活中一些安于现状不思进取害怕失败的人，永远只能滞留在没有成功的起点上一样，这些不愿主动找座位的乘客大多只能在上车时最初的落脚之处一直站到下车。

其实自信、执着、富有远见、勤于实践，会让你握有一张人生之旅永远的"坐票"。

四、认真学习教育法规，在法律框架内解决问题

(一)《学生伤害事故处理办法》

百年大计，教育为先。为此国家颁布并实施了多项教育法律法规，中公讲师等法律工作者在网络上发表了不少对教育法律法规的解读值得一学，下面就具体的关于学生伤害事故的《学生伤害事故处理办法》相关条

款进行梳理,以客观题的形式按事故责任类型罗列出来供老师和家长学习。

1. 学校责任事故类型

第二章第九条第九款:学校教师在履行职务过程中,由于体罚、变相体罚和其他违规操作等行为导致的学生伤害事故由学校承担责任。

第四章第二十七条:因学校教师或者其他工作人员在履行职务中的故意或者重大过失造成的学生伤害事故,学校予以赔偿后,可以向有关责任人员追偿。

(1) 例题一

某寄宿小学派车接送学生,途中学生上厕所,司机路边停车5分钟,后没有点人数就开走,学生徐某着急追赶,摔倒导致小腿骨折,徐某的伤害由谁承担责任?( )

A. 司机负责　　　　　　　　B. 某寄宿学校负责
C. 司机和某寄宿学校共同负责　　D. 司机和徐某共同负责

(2) 答案

B,解析如下:

《学生伤害事故处理办法》第二章第九条第九款规定:学校教师在履行职务过程中,由于体罚、变相体罚和其他违规操作等行为导致的学生伤害事故由学校承担责任。不过学校在赔偿后,可以向司机追偿。

2. 学生或未成年人监护人责任类型

第二章第十条:学生或未成年人监护人由于过错(违反法律法规/学校规章制度或者纪律/行为具有危险性),造成学生伤害事故,应依法承担责任。

第四章第二十八条:未成年人对学生伤害事故负有责任的,由监护人依法承担相应的赔偿责任。

(1) 例题二

王某和郑某都是年满10周岁的小学生,两人在课间争吵扭打,老师未能及时阻止,王某不慎击中郑某耳部,导致郑某失聪。在此事件中应当承担责任的是（　　）。

A. 郑某及其监护人　　　　B. 王某和学校

C. 郑某和学校　　　　　　D. 王某和其监护人

（2）答案

B，解析如下：

这里涉及学生年龄问题，注意，10周岁之前学生不承担责任的，但是10周岁之后就要对自身行为负责了，《学生伤害事故处理办法》第二章第十条告诉我们王某在这里需要承担责任。另外，依据第四章第二十八条，题干中教师在履行职务时也有疏漏，这一部分责任由学校承担。

3. 其他相关人员的责任事故

第二章第十一条：学校安排学生参加活动，因提供场地、设备、交通工具、食品及其他消费与服务的经营者，或者学校以外的活动组织者的过错造成的学生伤害事故，有过错的当事人应承担责任。

（1）例题三

某小学指派李老师带领学生到电影院看电影，由于入口处灯光暗淡，学生陈某在台阶上不慎摔倒，致使头部受到严重伤害，对于陈某所受伤害，应承担法律责任的是（　　）。

A. 学校和电影院　　　　　B. 李老师

C. 学校　　　　　　　　　D. 李老师和电影院

（2）答案

A，解析如下：

电影院由于出入口灯光黑暗为陈某摔伤提供了条件，负主要责任。其次，教师在履行职责的过程中监护不到位，属于职权责任，由学校负次要责任。

4. 教师个人责任事故类型

第二章第十四条：因学校教师或者其他工作人员与职务无关的个人行为，或因学生、教师及其他个人故意实施的违法犯罪行为，造成学生人身损害的，有致害人责任的依法承担相应责任。

(1) 例题四

放学后，几名学生到教师王某私自开设的学校附近的商店里购买了过期食品，导致学生食物中毒。对这起事故应承担主要责任的是（　　）。

A. 王某　　　B. 学校　　　C. 政府　　　D. 家长

(2) 答案

A，解析如下：

《学生伤害事故处理办法》第二章第十四条：因学校教师或者其他工作人员与职务无关的个人行为，或因学生、教师及其他个人故意实施的违法犯罪行为，造成学生人身损害的，有致害人责任的依法承担相应责任。题干中的王某负主要责任。

（二）学生受伤害，责任谁来负？

一般来讲，教育法律法规知识在教师招聘考试中所占的比例不多，但却不容易得分。这也是教师和家长需要学习和知晓的，现在我们通过几个例题将教育法律法规中常见的关于未成年人遭受人身伤害后如何进行赔偿的问题进行梳理，希望对各位家长有所帮助。

1. 知识点一

未成年学生遭受的人身伤害是由校园当中的无民事行为能力或限制民事行为能力的学生造成的，应该由谁来承担赔偿责任？

(1) 例题一

陈某和王某都是年满十周岁的小学生，两人课间打斗，老师未能及时制止，陈某不小心击中王某的眼睛，导致王某眼睛失明，在此事件中应当承担责任的是（　　）。

A. 陈某　　　B. 王某　　　C. 陈某的监护人　　　D. 学校

(2) 答案

A、C、D，解析如下：

根据《中华人民共和国民法通则》第一百三十三条及《学生伤害事故处理办法》第八条之规定，如果未成年学生受到的伤害是学校或者幼儿园里的其他无民事行为能力或者限制民事行为能力的学生造成的，则应当由造成该伤害的学生的监护人来承担赔偿责任。这是因为：在学校或者幼儿园里学习、生活的无民事行为能力、限制民事行为能力的学生一般是指不满10周岁的幼儿和小学生以及10周岁以上不满18周岁的小学生、中学生和大学生。依照我国法律的规定，这些无民事行为能力、限制民事行为能力的未成年学生还不具备完全的民事行为能力，即他们还不能完全地认识到自己行为的后果，因此，法律也不要求他们对自己行为的后果独立地承担责任，而是规定由他们的监护人来承担相应的赔偿责任。另外，如果学校或者幼儿园对此类未成年人与未成年人之间的人身伤害事故的发生也有过错，比如说，它们没有尽到本来应尽的教育或者管理义务，那么，赔偿权利人也可以根据学校或者幼儿园的过错程度以及过错与伤害后果之间的因果关系向该学校或者幼儿园要求赔偿，学校或者幼儿园应当承担相应的补充赔偿责任。当然，一般情况下，未成年学生伤害其他未成年人的行为都是严重违反其所在学校或幼儿园纪律的行为，那么，在这种情况下，学校或者幼儿园在承担了赔偿责任后，可以给违反学校或者幼儿园纪律、伤害他人的未成年学生以相应的处分；如果该未成年学生的行为已经触犯了刑法的有关规定，则应将其交由司法机关依法追究刑事责任。在本题中，学生陈某与王某违反校规于课间打斗造成王某失明，学生陈某承担主要的民事责任。但由于陈某属年满10周岁不满18周岁的限制民事行为能力的个体，因此由其法定监护人承担赔偿责任。此外，在学校上课期间，由于老师未能及时制止，即在履行教育管理、保护学生的职责上存在一定过错，且该过错与事故之间存在因果关系，因此，该教师所在学校也应承担赔偿责任。因此，正确答案为A、C、D选项。

2. 知识点二

未成年学生遭受的人身伤害是由学校教师或者其他工作人员实施的与其职务无关的个人行为造成的，应该由谁来承担赔偿责任？

（1）例题二

某校教师李某在开水房用饭盒打开水时，学生张某正好走过来，与打完开水准备离开的教师李某相撞，李某饭盒里的开水恰好泼在了张某的颈部。事件发生后，李某若无其事地走开了，而学生张某也因为上课匆匆奔向教室。上课时，张某因颈部疼痛难忍小声啜泣。任课教师刘某上前询问，张某没有回应，任课教师也就作罢。次日，张某因颈部烫伤未去上课，班主任王某到其寝室探望并询问原因，张某这才描述了事件经过。随即，班主任王某带张某去医院就医。张某的父母在得知此事后，向法院提起人身伤害赔偿的诉讼。请问在该事件中应当承担责任的是（　　）。

A．李某　　　B．刘某　　　C．王某　　　D．学校

（2）答案

A，解析如下：

根据《学生伤害事故处理办法》第十四条之规定，因学校教师或者其他工作人员与其职务无关的个人行为，或者因学生、教师及其他个人故意实施的违法犯罪行为，造成学生人身伤害的，应由致害人依法承担相应责任。在该案中，学生张某的烫伤与教师李某的职责无关，属于李某的个人行为。因此，应由李某本人对张某进行赔偿。而学校与损害事件的发生没有关系，因此学校无须承担责任。此外，教师刘某、王某也履行了相应的关心学生的义务与职责，因此不承担法律责任。故本题答案为A选项。

3. 知识点三

未成年学生在对抗性、具有风险性等体育竞赛中发生意外伤害的，学校是否负赔偿责任？

（1）例题三

一天上午体育课上，体育老师薛某安排学生进行掷球练习。在练习过程中，学生朱某与杨某发生相撞，导致朱某眼部、脸部受伤。经法医鉴定，朱某右眼损伤达10级伤残程度。请问在该案例中，应该由谁来承担赔偿责任？

（2）答案

根据实际情况，朱某、杨某和薛某（学校）共同分担民事责任，解析如下：

在本案中，对于朱某来说，他只是一个未成年的学生，对于自己所进行的体育训练活动是否具有危险性还不能完全地认识到，且他是按照体育

老师的要求进行练习，因此，他对损害的发生没有过错。对于杨某来说，情况也是如此。既然朱某和杨某都没有过错，那么，学校和老师对事故的发生有没有过错呢？对于学校和老师来说，按照教学大纲进行教学没有过错，且朱某受伤之事发生在瞬间，在这么短的时间内要求老师采取措施避免伤害的发生是不切实际的。因此，本案朱某受伤事件应属意外事件。根据法律的规定，当事人对造成损害都没有过错的，可以根据实际情况，由当事人分担民事责任。从这个案例中，我们还可以得到另外一个启示，即在判断学校有无过错，应否承担损害赔偿责任时应当从个案的具体情况分析，不要一碰到学生在学校发生事故的情况，就认为学校有过错，应当承担赔偿责任。

以上为常见的关于未成年人遭受人身伤害后如何进行赔偿的问题的梳理，希望对大家有所帮助。

（三）校园伤害事故主要类型

①学生彼此之间因为运动、游戏或者其他原因导致的伤害，这类事故的加害人和受害人均是在校学生。

②由于学校未履行有关义务而导致人身伤害事故。这类案件导致损害的原因是学校的消极不作为。

③由于教师或者其他学校员工玩忽职守、责任心不强或体罚学生等原因导致学生人身伤害事故。

④意外事故导致学生人身伤害。这类事故的特点是导致学生人身伤害的原因并非学校的教师和同学，而是一些意外。

五、从现实出发的警钟长鸣法

现在与人谈中国教育问题，确实几乎所有人都要摇头，怨声载道。搞了那么多年，投入那么多，结果国家不满意、人民不满意、家长不满意、教师不满意，学生更是"苦大仇深"。

医疗、住房、教育三大领域，本是现代社会的公共基础建设工程，却无端成了新"三座大山"。对于今天的中国人来说,真正有切肤之痛的敏感问题,除了房子和治病,就是子女教育问题。

中国教育在国家发展的过程中起到了举足轻重的作用,尤其是1977年恢复高考,对国家急需的人才和优秀人才的培养起到很关键的作用。但是毋庸讳言的另一面是,目前无论是基础教育,还是高等教育,其中的利弊,早已是有目共睹。它沉疴宿疾,积重难返,以至于成了全民的一个质疑:中国教育,到底哪里出了问题?

现代社会有一个共识,即教育特别是基础教育的宗旨,应该是公益性、义务性、非商业化。但是我们如今的教育,已逐渐被一种"产业化"思想包围,教育几乎沦为了消费场所。这对中国教育的打击是极大的。本来,"教育就是教育",学校就是单纯培养人才的地方,是教书育人的地方,抑或是做学问的地方,千变万化,说破天,它也不是论买论卖的商场,这对中国教育的打击极大,污染了教师这个职业。

教育的产业化与大跃进,是以牺牲教育质量、扩大城乡教育不公、学生素质迅速降低、大幅增加国民教育成本等代价换来的。

如此,学校的职能产生变化,教育的本质被扭曲。正常的社会人,都会明白,教育的根本宗旨,不在于知识灌输——如果是的话买个手机百度就足够了,而是培养学生的独立思考能力。

但是中国教育到了今天,其理念与方式都将培养独立思考之人这一目标弃如敝屣。

小学和初中,总共九年,是义务教育。而就是这个免费的九年义务教育,竟然孕育了民办小学、初中学校的兴起,冲击着现有义务教育的格局,这是一种教育的大变革,是福是祸,尚待评说。

因为民办,教育主管部门过问不得?公办学校不能开除学生,民办学校却可以随意处之。

因为民办中、小学校的兴起,生源流向民办学校,而一些优秀的师资也流向民办学校。一方面,一些民办学校,通过高薪从公办学校挖走公办学校的名师。另一方面,一些民办学校,本身就有这样那样的公办学校的背景,教师通过公办学校或教育部门以借调的名义请过来。这些教师,是国家的正式教师，却拿着民办学校的高薪，成就了民办学校，亏欠了公办学校。

还有哪一个家长会让自己的孩子去没有"好教师"的公办学校？义务教育，一定意义上是公平的教育，因为民办学校的出现，还有哪一个家长能镇定，能心平气和地将自己的孩子送到公办学校，和"挖"剩下的教师和"选拔"剩下的学生一起学习，难道孩子不是亲生的，难道自己真的交不起孩子上民办学校的学费（有点贵）？

现在，家长为孩子的学习操心，这种焦灼的感觉从孩子上幼儿园开始，在小学和初中时，这种不安的感觉尤甚。因为，这个阶段可供选择的标准不一，一边高喊减负少学习，一边考试看分数。在学生无所适从之时，家长已经开始精神分裂了！

民办中小学校，从某种角度上来看，正在扼杀义务教育，正在严重"破坏"义务教育的生态！民办学校和公办学校的竞争，是教育之福还是教育之祸？可能无须等到最后，结果就明了了！

教育是立国之本，义务教育是国家的一项政策；换言之，学生义务教育应是国家无偿提供的。我们都非常清楚："国家之公民，受无偿之教育，乃国家之义务。"

教师队伍整体素质参差不齐，流动性大。教育是良心工程，是事业，不是产业！规范民办学校发展势在必行。

教育应该把灵魂塑造放在第一位，激发学生的内驱力，告诉他们为什么活着，应该怎样活着。

所谓灵魂，即人的价值追求、自我意识、伦理意识。也就是说，我们的教育要提倡、鼓励孩子们追求什么，引导他们如何认识自我，怎样对待他人、社会、自然。"教育的目标不是把人培养成木匠，而是把木匠培养成人"。

可是，我们的教育只管"教"，不管"育"。育应该从尊重生命开始，使人性向善，使人胸襟开阔、正直诚信、懂得责任担当。呼唤我们的教育多一点互利合作，少一点恶性竞争；多一点人文关怀，少一点急功近利；多一点自由发挥，少一点统一标准；多一点批判思维，少一点盲从意识。

这里有一首诗，读着读着就触及灵魂深处……

站在讲台上慢慢老去,
手中的粉笔在盈盈的舞动中一点点缩短,
轻轻地随风卷进飘起的长发里,
那撒满缤纷花朵的长裙,
不经意间已沾染了岁月的痕迹。
可我还是眷恋更迭的四季,
还是喜欢和孩子们在一起,
阳光洒满他们的笑脸,幸福映在我的心里!
不再急匆匆地追赶岁月,
而是愉悦地走上讲台,
轻轻抒写岁月,满怀笑意。
开始原谅捣蛋的幼童和岁月的顽皮,
开始感恩成长的孩子和生活的赠予。
伴着书声迎接晨曦,
伴着喧嚣静静解题,
那金戈铁马的板书,
每一笔,
都方方正正。
生活还在眼前,
远方桃李朵朵,
会被一些人忘记,
也被一些人回忆。
就这样站在讲台上慢慢老去,
我依旧喜欢和孩子们一起,
阳光洒满他们的笑脸,幸福映在我的心里!
我们在讲台上慢慢变老,
夕阳下批改作业,灯火中踱步归家,
洗衣做饭,不紧不慢。
我们在讲台上慢慢变老,

老了，就越发思念开满槐花的故乡，
池塘清如许，有鱼也有狗。
我们在讲台上慢慢变老，
喜欢看余秀华写诗，喜欢听姜育恒唱歌，
听着听着，就落泪……

《站在讲台上慢慢老去》，这是我读过的关于教师最温暖的诗！教师是人类灵魂的工程师，"春蚕到死丝方尽，蜡炬成灰泪始干"。太阳底下最光辉的职业，人类灵魂的工程师。老师就像蜡烛，燃烧自己，照亮别人。老师是真正推动社会进步的精神巨匠，他们用柔弱的双肩承载着民族腾飞的希望，传播着社会进步积蓄的能量：科技、理念、信仰！

教师本身具有传承文化，引领社会风尚，维护社会基本价值和社会正义，承担"社会良心"的使命。教师的德行人格不仅是教育工作的前提，而且是教育工作的内在要素，会对学生的人生价值观、行为和人格产生潜移默化的影响。

现在社会浮躁，很多人觉得读书无用，教育受歧视，原因在于，教育本身就没有受到足够的重视，演艺界明星一场戏赚够普通人一辈子的钱，网红大咖接广告费接到手软，而那些真正用心做教育、为了我们国家的未来付出很多的人，却拿着微薄的收入、可怜的福利，导致适合做教育的人不愿意进入这个领域，而很多包装出来的"专家""大师"在舞台上"演戏"，这才是教育乱象丛生的根本，继续这样下去，好的教师和教育工作者会越来越少；剩下的，只是那些披着教育外衣的商人。娱乐至死，恐怕会成为现实。

都想让我们用心去做教育。可是这个世界给了那些用心的人什么呢？

世界上的路，本无绝对正确与错误，学习独立思考的能力，进而认识到如何追求真理、怎样完成自我价值与社会价值，是一个人在学校里最应该学习的最珍贵的精神财富。

如今我们从小学、中学到大学，各种奇葩校规"天雷滚滚"，都在恶性循环地只抓学生的学习成绩，这给我们的教育带来了太多难以驱散的阴霾。

好比今天的教育方式，为了考试而学习，为了文凭而学习，为了工作而学习，有朝一日一旦拿到文凭，便从此不再学习。这样的状态，是把读书学习当成一种谋生的手段和工具，感受不到学习本身给人带来的乐趣，不但没有乐趣而言，甚至会厌恶学习。

如今学习的压力不断下移，小学一二年级的幼童都已经不能幸免。之前有个报道，说一个小孩，才小学三年级，就因为作业太多没完成，老师暴力殴打学生。校园欺凌事件、学生不堪欺辱、压力太重自杀频频发生，这已不是特例。

这对孩子的心灵造成的创伤不可忽视，这种师源性的伤害值得教育界的人士认真研究思考！

近些年来，中小学生的心理、行为问题不断，问题的类型也五花八门，许多调查结果显示，其整体心理健康水平呈下降趋势。不管是被老师殴打，还是被家长家暴，对于很多人来说，都可能是伴随一生的痛苦。这种童年的创伤，会在成年后遇到相似场景时，一次次被激发重现，让受害者变得要么胆小怯懦，要么残忍暴戾。

①品行障碍：这既是中小学生中最常见的问题，也是导致犯罪行为、成年期社会适应失调的重要原因。

②自杀行为：它与一系列中小学生常见的心理健康问题息息相关，如心境障碍、焦虑障碍、进食障碍等。

③创伤性应激障碍：近年来，由于校园暴力欺凌、师源性伤害、父母对子女管教伤害性事件增多，中小学生群体中的创伤后应激障碍也日益增多。

④自闭症：过去十年，被诊断为自闭症的人数在世界范围内呈现增长趋势，自闭症不但对个体的社会功能造成了严重影响，也给家庭造成了极大困扰，是学校不可忽视的问题。遗憾的是，这些常见的问题往往不能被父母、老师和中小学生身边的重要的、与他们有关的人及时发现，严重影响了处于发展阶段的中小学生的心理健康，同时危及学生的家庭和整个社会的和谐。重视中小学生的心理健康问题刻不容缓。

孩子，是我们每一个家长的生命接力，是我们每一个家庭希望的再续，更是我们国家走向未来的未来。

然而，我们的"希望"频频被殴打，我们的"希望"连续坠楼，我们的"未来"不断地"自杀"……

一幕幕令人心痛的悲剧、一个又一个血的教训好似一把尖锐的刺刀深深刺进我们的内心，血淋淋的事件也让我们逐渐意识到那些关于"教育"、关于"人性"的思考。

一摊摊刺眼醒目的血迹向我们发出了生命的拷问：如今的教育生态环境怎么了？

《未成年人保护法》和《义务教育法》都明文规定："严禁体罚或者变相体罚学生"。教师都是有知识、有文化的文明人，不仅应该品行高洁、修养高深，而且应该循规蹈矩、遵章守法；体罚学生就是打学生，打人都是不文明的行为，并且还违规违法，教师就更不应该打学生了。"棍棒教育"既是一种陈旧落后的教育方式，更是一种简单粗暴的教育行为，已经基本为人类文明所摒弃。那么，当代社会中，为何还会有那么多教师热衷于打骂学生来达到教育的目的呢？

教师队伍良莠不齐，少量教师个人素质与修养较差。当前，绝大多数教师是素质过硬的，不仅业务能力强，而且师德高尚，爱岗敬业、尽心尽责；但是"林子大了什么鸟都有"，也不能排除少量教师浑水摸鱼、滥竽充数，不仅业务素质差、教学能力弱，而且思想品质低劣，采用简单粗暴的落后教育、教学方式管教学生。

暴戾而残忍的老师，的确大有人在。就像冷血而自私的父母，也不乏其人。不少人在幼年时，曾被老师变态体罚过。但慑于师者威严和自我弱小，一直忍气吞声。多年过去，当初被老师当着全班同学面儿殴打的羞辱和难堪，并未过去。

弗洛伊德说过："人的创伤经历，特别是童年的创伤经历会对人的一生产生重要的影响。悲惨的童年经历，长大后再怎么成功、美满，心里都会有个洞，充斥着怀疑、不满足、没有安全感……不论治疗身体还是心理上的疾病，都应考虑患者童年发生的事。那些发生于童年时期的疾病是最严重、也是最难治愈的。"

心理学上有一种严重的心理疾病，叫创伤后应激障碍。它的典型定义是："个体经历、目睹或遭遇到一个或多个涉及自身或他人的实际死亡，或受到死亡的威胁，或严重的受伤，或躯体完整性受到威胁后，所导致的个体延迟出现和持续存在的精神障碍。"创伤后应激障碍有许多症状，其中一个最主要的症状是"记忆侵扰"，即受创时刻的伤痛记忆萦绕不去。主要表现为患者的思维、记忆或梦中反复、不自主地涌现与创伤有关的情境或内容，可出现严重的触景生情反应，甚至感觉创伤性事件好像再次发生一样。

笔者整理了一些关于2018年6月至今的新闻媒体报道：

①2018年9月26日山西运城明远小学老师多次殴打侮辱九岁儿童，造成该名儿童患有严重的心理疾病（创伤性应激障碍）。学校和该名老师没有任何道歉，该名学生家长多次寻求教育部门主持公道，换来的却是多方打压、威胁和污蔑。给该名儿童的家人带来更大的伤害，家人们给孩子看病的花销暂且不说，最重要的是后续孩子精神状况的恢复似乎不是钱能解决的问题。迫于无奈该名家长将山西运城明远小学告上法庭。在当地也是人人皆知（运城广播电视台监督热线栏目、中国德孝网、教育资源网、腾讯、搜狐、网易、知乎等）。

②2018年11月8日安徽亳州一学生迟到两分钟遭老师殴打，打断四把扫把，致使该名学生头部有两处大约3厘米的外伤，背部多处瘀青，腿上还有几处伤痕（澎湃新闻等）。

③2018年11月27日山西长治武乡县新世纪文武学校教师公然掌掴三名学生（澎湃新闻等）。

④2019年1月28日，广西百色市实验小学三年级二班班主任兼语文教师蒋玉芬得知班里一名学生的家长在殡仪馆工作后，先提出希望家长可以换工作，后又借口"看到你女儿就会害怕"要求家长给孩子换班，被拒绝后，此后该老师借故要求全班同学不得与该学生说话，孤立学生（新京报等）。

⑤2018年6月28日，上海徐汇区一小学门口，发生了一起骇人听闻

的惨案。中午 11 时许，黄一川见该校学生放学，因顾忌校门口的保安，他尾随学生，在离校门口 130 米左右处持刀砍向 3 名学生和 1 名家长，行凶过程中被赶来的接报民警、学校保安和周边群众制服。2 名学生因伤势过重抢救无效死亡，1 名学生和 1 名家长无生命危险。黄一川具有明显的反社会人格特质（搜狐、腾讯等）。

反社会人格，又称无情型人格障碍，或社会性病态，是对社会影响最为严重的一类人格障碍。

他们通常性格内向，遭受挫折时易迁怒他人、仇视他人，缺乏基本的道德界线，情绪冷漠，这种人在任何时代都可能出现。

反社会人格是后天形成的，往往是童年经历过心理创伤、被虐待或是被忽视，因此他们选择用撒谎、不负责任、冲动等行为方式来应对自己的创伤。

⑥2019 年 1 月 8 日北京西城宣师一附小的学生被伤害。1 月 8 日上午 11 点 17 分左右，宣师一附小校内发生一男子伤害小学生的事件。初步了解，共有 20 个孩子受伤，均已送到医院救治，其中 3 人伤势较重，目前生命体征平稳，无生命危险。嫌疑人已被当场控制。市、区公安、卫生、教育、应急等相关单位正在全力开展救治和调查工作（新京报、新华社客户端等）。

⑦2019 年 3 月 20 日，有网友上传山西盂县第一中学女教师扇学生耳光的视频。视频中女子持续训斥两名学生并在 20 秒内扇了学生 13 次耳光。盂县教育局表示已经联系学校正在调查处理（澎湃新闻等）。

⑧2019 年 3 月 15 日，湖北黄石一幼儿园内老师体罚学生的视频在网上热传。一名老师站在黑板前，拿着教鞭体罚两名学生。经调查，黄石港区教育局责令幼儿园开除涉事老师，并对该幼儿园予以降级处理，对园长给予行政处分（搜狐、腾讯、网易等）。

⑨2019 年 3 月 18 日，中国城市报收到来自内蒙古自治区呼和浩特市居民兰斐的求助信：其 4 岁的儿子在幼儿园被老师打伤，孩子接受过 4 次心理治疗，医生说可能会影响一辈子（人民网，中国城市报等）。

⑩2019 年 4 月 1 日，焦作市解放区一所幼儿园的一名教师向当日中班

的食物中投放亚硝酸盐，致使 23 名幼儿食物中毒，目前该教师已被警方刑拘（新京报、网易等）。

⑪2019 年 4 月 12 日大连岭湾峰尚幼儿园教师殴打 5 岁男童（人民日报 APP）。

⑫2019 年 4 月 18 日西安一幼儿园老师疑用针扎多名幼童，警方介入调查（华商报、搜狐等）。

⑬上海法院 2018 年依法保障民生权益。审结一审民事案件 34.7 万件。依法妥善审理涉劳动就业（含拖欠农民工工资）、教育医疗、社会保障等案件 1.3 万件。加大妇女儿童权益保护力度，针对家庭暴力依法签发人身保护令 38 件，依法审理"携程亲子园虐童案"，对 8 名被告人判处刑罚并适用从业禁止，让"虐童入刑"成为公众常识，该案入选"2018 年度人民法院十大刑事案件"。

⑭获刑一年半！北京红黄蓝幼儿园虐童案一审宣判：2018 年 12 月 28 日上午，北京市朝阳区人民法院依法对被告人刘亚男虐待被看护人案公开宣判，以虐待被看护人罪一审判处刘亚男有期徒刑一年六个月，同时禁止其自刑罚执行完毕之日或者假释之日起五年内从事未成年人看护教育工作。

法院经审理查明，被告人刘亚男系北京市朝阳区红黄蓝新天地幼儿园国际小二班教师。2017 年 11 月，刘亚男在所任职的班级内，使用针状物先后扎 4 名幼童，经刑事科学技术鉴定，上述幼童所受损伤均不构成轻微伤。被告人刘亚男后被查获归案。

朝阳法院认为，幼儿是祖国的未来、民族的希望，是需要特殊保护的群体，其合法权益不容侵犯。被告人刘亚男身为幼儿教师，本应对其看护的幼儿进行看管、照料、保护、教育，却违背职业道德和看护职责要求，使用针状物对多名幼童进行伤害，情节恶劣，其行为严重损害了未成年人的身心健康，已构成虐待被看护人罪，依法应予惩处。根据其犯罪情况和预防再犯罪的需要，依法应当适用从业禁止。结合被告人刘亚男犯罪的事实、犯罪的性质、情节以及对于社会的危害程度，依照《中华人民共和国刑法》第二百六十条之一第一款、第三十七条之一第一款、第六十一条等规定，做出上述判决。

总有一些父母、老师认为，打孩子才是爱孩子。但是打骂造成的后果，却无人深究。

现实里，最严重的后果已经发生：

⑮2018年11月7日，一名8岁的男孩失联13个小时，家人报警才把他找到。而他失联的理由竟只是因为上学迟到怕被打骂，所以干脆不去上学了，这一躲就是13个小时。孩子迟到的理由其实不难接受，下雨天的确会造成延误，就连飞机都可能推迟起飞。但是孩子却因为这件小事而担心被打骂，躲起来不敢回家。这个时候，孩子就已经失去了对家长最基本的信任。他坚信会受到责骂，也已经不再依赖家人，而是恐惧他们的存在。在孩子的眼里，家长俨然成了这个世界上最可怕的"怪物"，而不是为他遮风避雨的"港湾"。失去这种"信赖"，是亲子之间最可怕的事。

陈乔恩曾在采访中说，自己是在妈妈的打骂中长大的，还曾被妈妈用一捆枯枝打得浑身是血，在很长一段时间里活在恐惧当中。

打骂教育让孩子对家长没有"感恩"和"爱"，而是充满了恐惧，害怕犯错，害怕被打，每天都沉浸在不安的情绪里，人格也有了缺陷。

除此之外，家长无情的打骂还会对孩子造成身心的双重伤害。

身体上，也许会像文章开头提到的那个男孩一样，全身多处受伤，掀开衣服，处处青紫，严重的可能会骨折或者丧命。

心理上，会造成两个极端。一是长期的打骂会挫伤孩子的自尊心，让他变成一个自卑自闭的人。孩子面对家长时的无助，又会让他丧失对生活的希望，产生抑郁心理。二是，孩子会有强烈的逆反心理，总是想着"报复"，从而成为一个暴躁敏感的人，很可能落入犯罪深渊。

希望我们的一些父母和老师们不要再打着"为你好"的旗号继续打骂孩子了。

正确的教育方式能让孩子反思、感恩，在家庭的庇护下健康成长。

真正的"为你好"，是指明正确的道路，让孩子拥有光明前程。

传统观念下人们对教育的理解是严师出高徒，棍棒底下出孝子，孩子不打不成器。而今随着社会的发展、人类的进步，孩子在科技高度发达的今天，他们获得知识和信息的途径越来越多，他们懂得的事情也越来越多，聪明、早熟、懂事是现代孩子们的代名词。可是当大人们在为孩子们的聪明、懂事而骄傲的同时，有没有想过他们还只是个孩子。虽然他们看似懂得的事情已经远超过我们的理解，但是孩子们的心理仍然是单纯的、天真的，也是脆弱的。而且和我们这些懂事较晚的大人们的童年相比也许会更脆弱一些。因为他们太早拥有了这个年龄不该拥有的成熟。他们的视野和他们的心智发育，以及现在社会教育的发展是不同步的。我们在对孩子有更高期望的同时，却忽略了孩子的脆弱。

对于发生的恶性事件，笔者也听到了一些评论，无非是：当今的孩子们太缺少生命意识，不懂得珍惜生命；当今的孩子太过于自我，不会替父母、他人考虑；这些议论有一个共同的结论，那就是必须加强对孩子们的教育，尤其是生命教育。然而，如果一味从孩子身上寻找原因；那么，这种悲剧又将如何被制止呢？

就拿明远小学老师多次殴打侮辱九岁儿童，造成该名儿童患有严重的心理疾病（创伤性应激障碍），孩子家长诉求无门将学校告上法庭这件事来说。也许很多人对"创伤性应激障碍"这样的心理疾病听都没有听说过，更有些人对该名孩子家长的做法很不赞同，觉得是没事找事，说不定还另有所图。但是经过笔者的调查了解到患有这种疾病的孩子如果不重视，不及时治疗，他们和这些跳楼的孩子会走同样的路。跳楼的这些孩子的悲剧都是从这样的心理疾病发展而来的。难道还要等再一次用孩子的生命来证明他们所受到的伤害有多么严重吗？

做老师如果人格问题严重，还没有自知之明，可谓贻害无穷。因为老师直接影响几百几千个学生的身心健康，尤其是那些很缺少爱的孩子，再落到病态教师手里，会直接成为压倒骆驼的最后一根稻草，毁掉孩子半辈子。

试问如果我们的教育部门不那么"冷漠"，如果我们的学校不那么"霸道"，如果我们的教师不那么"丧心病狂"，如果我们的家长不那么事不关己高高挂起，如果我们的法律能够让我们这些受到心理伤害的孩子可以"有法可依"，那么我们的孩子还会选择走上那样一条不归路吗？

如果不是感到绝望，谁会自杀？如果不是忍无可忍，谁会自杀？如果不是被逼无奈，谁愿意剥夺自己的生命？

一次又一次，人们愤慨，人们谴责，人们争论，人们反省，然而为什么还是会有下一次……

血的教训，生命的代价，一个个鲜活的生命，难道就不能唤起全社会对学生的心理教育和素质教育的重视吗？悲剧要上演到什么时候才会终止？

但愿学生跳楼的悲剧不再重演，我们共同努力，好吗？

有人自以为是看客，却不知早已是戏中人。

我说，假如是他的孩子死了，看他还这么说吗？

我还想说，家长们，别"等"孩子死了才知道"痛！"

不要"一失足成千古恨"，失去后才知道拥有的可贵！

正因为有这些人的漠视心态，所以也就造成一个又一个学生被打，进而导致严重的心理疾病，直至发生跳楼这样的事件。如果我们今天再不站出来，再不觉醒，怕终有一天自己的孩子也是"跳楼大军"中的一员……我们自己也会从今天的"观众"变成明天的"主角"……

面对近年来屡次出现的校园暴力、自杀、自残、伤害事件，我们的教育部门该怎么处理？难道就事论事、个案处理、平息事件就是最好的结果吗？难道对于私立学校屡屡出现的问题就真的"管不了"？面对生命的拷问，公众心态总是期盼给出一个合理的交代，总是希望孩子受到更好的教育，总是希望教育的明天更美好！

孩子是祖国的希望，无论是家长、孩子还是社会各界人士，都要擅于运用法律武器保护未成年人的合法权益，各部门也应协同配合。同时，还应加强对未成年人保护的普法宣传，为未成年人营造一个健康的成长环境！

对待孩子，任何施害行为都是不道德的，更涉嫌触犯刑法。从《未成年人保护法》到《刑法》修正案（九）扩大虐待主体范围。我国在立法上并不缺位。可是，再完备的法律，如果量刑不够、惩治无据、执法不严，也难以达到立法初衷。

在法制越来越健全的今天，实现它更需要全社会的担当。很多时候，"保护性的预防"比"惩戒性的制裁"更有意义。

教育需要爱，爱需要批评，批评需要冷静、理智、技巧、艺术，否则爱就是害，后果不堪设想。学生都是孩子，孩子有孩子的心理、情感及认知水平，把孩子当孩子，千万不要按照成年人的逻辑和道理要求孩子。

那些石头缝里开出的"祖国花朵"，他们到底都经历了怎样的生命历程；而我们所能想象的是，假设教育是一辆只要速度却没有车闸的公共汽车，一定是非常危险的，一旦发生车祸，不只是驾驶员，所有乘客都会不同程度地受到伤害。面对社会各界人士对教师职业的客观评价，我们深感欣慰！然而，教育腐败不除，教育的种种乱象不除，国家教育的出路何在？

教育对一个国家的影响是基础性的，一个教育失败的国家，未来也不会有多强大，因为它没有强大的国民。强大的国民从哪里来，就是从悉心的教育开始的。一点一点、一年又一年的教育，慢慢地塑造着人，改变着人的命运，也改变着这个国家的命运。

梁启超说过："少年智则国智，少年富则国富，少年强则国强，少年独立则国独立，少年自由则国自由，少年进步则国进步，少年胜于欧洲则国胜于欧洲，少年雄于地球则国雄于地球。"

毛泽东说过："世界是你们的，也是我们的，但归根结底是你们的。你们青年人朝气蓬勃，正在兴旺时期，好像早晨八九点钟的太阳。希望寄托在你们身上。"

百年大计，教育为本。教育是人类传承文明和知识、培养年青一代、创造美好生活的根本途径。教育是提高人民综合素质、促进人的全面发展的重要途径，是民族振兴、社会进步的重要基石，是对中华民族伟大复兴具有决定性意义的事业。

时代越是向前，知识和人才的重要性就越发突出，教育的地位和作用就越发凸显。我国正处于历史上发展最好的时期，但要实现"两个一百年"奋斗目标、实现中华民族伟大复兴的中国梦，必须更加重视教育，努力培养出更多更好能够满足党、国家、人民、时代需要的人才。

教师是人类灵魂的工程师，是人类文明的传承者，承载着传播知识、传播思想、传播真理，塑造灵魂、塑造生命、塑造新人的时代重任！

百年振兴中国梦的基础在教育，教育的基础在老师。教育要瞄准未来。未来社会是一个智能社会，不是以一般劳动力为中心的社会，没有文化不能驾驭。

我们实现生产、服务过程智能化，需要的也是高级技师、专家、现代农民……因此，我们要争夺这个机会。就要大规模地培养人才。

今天的孩子，就是二三十年后冲锋的博士、硕士、专家、技师、技工、现代农民……代表社会为人类去做出贡献。因此，发展科学技术的唯一出路在教育，也只有教育。我们要更多地关心教师，特别乡村教师，让教师成为最光荣的职业，成为优秀青年的向往，用"最"优秀的人去培养更优秀的人。

以铜为镜，可以正衣冠；以古为镜，可以知兴替；以人为镜，可以明得失！孩子是家庭的一面镜子，家庭更是社会的一面镜子。

家庭教育、学校教育，就是孩子生命成长的教育，就是让孩子们萌生会学习、善于学习，会生活、善于生活，会相处、善于相处的意识，并乐于去实践和探究。

家庭教育、学校教育就是对"根"的教育，对"心灵"的教育，只有"根壮""心灵好"，状态好，才能"枝粗叶肥"，所谓"庄稼养根，育人养心"！

老师像园丁，辛勤地培育着祖国的花朵；老师像北极星，为我们指引前进的方向；老师像一股清泉，向孩子们的心田灌注知识的甘露……

教师本身具有传承文化，引领社会风尚，维护社会基本价值和社会正义，承担"社会良心"的使命。要"自尊自律，清廉从教，以身作则"。教育不仅是智育，更是德育，只有身正才能为范。因为"师也者，教之以事而喻诸德者"。(《礼记·文王世子》) 在中国向来有"经师易遇，人师难求"之说。教师的德行人格不仅是教育工作的前提，而且是教育工作的内在要素，会对学生的人生价值观、行为和人格产生潜移默化的影响。

孩子是祖国的未来、民族的希望，是需要特殊保护的群体，其合法权益不容侵犯。

学生是祖国的花朵，需要全社会的共同关爱与呵护。尤其是教师，负有对学生教育和管理的职责，更应该关心和爱护学生。校园是孕育未来的净土。希望教育部门还家长和学生一个上学受教育的平和心态，让学生在校受到应有的关爱与教育，让家长的心不再担忧，不再"痛"。

第七章　家庭需要这样

你知道怎样才能成为一位合格的家长吗？

你在孩子的心目中是成长的引路人或导师吗？

活一辈子，学一辈子，虽然是一句老生常谈的话题，但它透射出一个能否绽放人生、炫彩生命的体认必须遵循的基本规律。

一、一次成功的家庭会议

"家庭会议"这个话题也是古人早就有的智慧，"愚公移山"就是我们小时候的主要课文，人人必学的，相信大家都不陌生，当我提醒了你，你就记起来"愚公"移山之前是召集过家庭会议的，对吗？那个时候中国就有了这样的智慧，再往前推"伏羲"传授他观天象后的发现，每次也是召集族人在一起，围圈而坐来说的。这也该是最初家庭会议的雏形吧！在中华大地，最具智慧的古人的方法，作为现代人能借鉴、改善并运用实在是幸事。

家庭会议只是一种教育的形式，成功的一次家庭会议竟能解决95%的家庭矛盾，包括父母之间的矛盾、亲子之间的矛盾、子女之间的矛盾，无论是生活、工作，还是学习、课外等，都是非常有效的，可是当下的家庭教育能有几个家庭这样做呢？

"家庭会议"的召开是有一些构件的，在这里我将教大家学会召开自己的家庭会议，改善家庭关系及子女教育，在家庭会议这样正式的氛围下，一家人平等交流，每个人都被家庭所关注，表达自己的声音，这其实对家庭成员十分重要。

希望对每个家庭的经营都有所帮助,当然家庭会议也不是一开就会成功,每一项新事物都有个学习期,相信只要你有信心,坚持下去就会像我一样从容掌握。

家庭会议的内容,可以根据家庭文化自己创新。我在咨询中指导来访家庭运用"家庭会议"模式,就有了多个创意版本,其中一个家庭约定成员发脾气要为家人洗脚一个月,规则出来后,孩子要发脾气指责时,高举的手又轻轻放下说:"我不想给你们洗脚一个月",虽然他们的创新超出我的想象,但这个家庭很开心,以往的家庭互动模式在发生改变。

(一)家庭会议的主要流程

"家庭会议"召开流程,第一要有主持人,这次会议你是提议发起人,你就直接做主持人,或征询谁愿意担任都可;第二,有记录员,记录每次的会议内容;第三,参与的成员均要发言,设立议程(内容);第四,明确说出要解决的问题;第五,计划家庭活动,这是家庭文化的建立;第六,讨论家务事,生活中的大事不多,更多的是家庭琐事及烦琐的家务惹的祸,谈论家务处理方案十分重要;第七,制定家庭会议册,封面放全家福照片,写上家庭格言,目录写家庭会议召开的时间、主题,内容是家庭会议记录。留作以后的回顾及查阅;第八,家庭晚餐计划,商量会议结束后的就餐,每个人要做自己拿手的一道菜,为家人展示自己的才艺,同时也是对家人爱的表达,这个环节更促进家庭的氛围,这其中的幸福感觉做了你才能享受;第九,回顾感谢,每个家庭成员彼此道谢,说家庭格言或祝福,可以加入握手、牵手、拥抱等行为方式,家庭会议结束(摘自王秀芝心理咨询师的博客)。

针对"问题"我们有必要共同学习《正面管教》这本书。

《正面管教》这本书的核心是为了培养出一个有责任心、有自律能力、善于合作与解决问题的孩子。为了实现这一目的,《正面管教》这本书推荐了很多实用的教育工具和教育方法,今天我们分享的是其中非常重要的一个工具:家庭会议。

第七章　家庭需要这样

（二）家庭会议的几点好处

1. 培养孩子解决问题的能力

家庭会议的主要内容就是围绕如何解决问题展开的，譬如：如何才能让家里保持整洁？如何控制孩子玩游戏的时长？每个人，包括孩子都需要参与问题的讨论，给出自己的解决方案。

2. 培养孩子的责任意识

问题的解决方案，应该在全体一致同意的基础上做出，尤其是孩子。当孩子参与了解决方案的制定时，他会明确自己在其中的责任，也更乐于遵守共同制定的规则。

3. 父母与孩子能够互相倾听

在家庭会议上，应该确保每个人都有发言权，父母和孩子可以互相倾听意见，切实了解对方的真实想法。

4. 提供"冷静"下来的机会

当家庭中出现问题和冲突时，"把问题放到家庭会议上来解决"，就这一句话，已经算作一种"及时解决"的方法了。同时，它还提供了正式解决问题之前的一段冷静期，避免了家庭成员之间的许多争吵。

5. 一次很好的仪式感体验

仪式是每一个人成长中必须学习的，成长的路上，最常见的风景不过是些生活琐事和一日三餐。孩子成长如同路上的无畏旅者，视其为路边被遗忘的贝壳和坚硬地面上挤出的花草。成长中需要仪式感，就像平静的生活需要涟漪和光芒。仪式感不仅在特殊的日子里才会有，它也存在于很多事情中。过生日、过年、过节是一种仪式感的体验，然而一次成功的家庭会议往往在孩子人生的成长中是最不可缺的一次很好的仪式感体验。

家庭会议应该包括哪些内容？

会议主持（轮流）组织开会→会议秘书（轮流）做书面记录→家庭成员之间互相致谢→解决问题→张贴会议记录→以一个全家人都参与的活动

结束家庭会议。

（三）成功家庭会议的几项原则

①不要把家庭会议当作说教的平台。

②不要试图通过家庭会议，把父母的想法强加给孩子，否则孩子会一眼看穿，不再合作。

③家庭会议应该每周一次。在确定了家庭会议的时间之后，就要雷打不动。孩子会根据你的行为来判断家庭会议的重要性。

④不要在家庭会议上实行"多数票"原则，因为这会凸显家庭的不和谐。应该在家庭会议上传达一种信任的态度——我们能共同找出对每一个人都尊重的解决方案。

⑤确保每个人都有机会发表意见或提出意见，而不是一言堂。

最后说一说我的收获吧！

"愚公"那么大一座山，都能通过"家庭会议"后开挖，我们家庭的问题会有那座山大吗！为了你的家庭幸福，现在就去行动吧！反复思考、尝试，你也会开好家庭会议，并从中受益。祝你成功！

（四）范例：《成功的第一次家庭会议》（摘自小米粒的博客）

上周的某个晚上，我特别累，有点不舒服，进了被窝后眼皮都抬不动，米粒要求我讲故事，我解释了原因，希望她能体谅妈妈，结果米粒喊着不同意，还差点哭了，米爸进来当调节员自告奋勇地说他来讲故事，米粒还不愿意，说"粑粑"不会讲！我被吵得不耐烦了，又深知此事不可爆发，于是被子一蒙脑袋，随她去吧。

这是近两个月来第二次发生这种事情，上次发生后的第二天早晨就跟米粒谈了，丫头答应今后我不舒服就要体谅我、照顾我，这许诺的声音还回响耳边呢，故技就又重施了！

想到《正面管教》里的一个方法，开家庭会议，在想到米粒已经4周岁了，可以试试看，这是一个新的解决问题的方式，而且我也很希望家庭

成员能用开会讨论的方式解决问题,这种模式在西方很流行,今儿个咱们也试试。下面是开会的流程和纪要:

1. 致谢

哥哥:感谢全家人对我的照顾。

米粒:我生病时,爸爸妈妈和哥哥、姥姥、姥爷都很照顾我,给我买好吃的东西,我谢谢大家。

米爸:大家每个人都快乐开心,我就高兴,感谢大家让我开心。

米妈:谢谢米粒爸爸昨天替我给米粒讲故事;感谢米粒今早帮我捏手指按摩;今天米粒哥哥能来看妹妹的T台秀,我非常开心,所以谢谢米粒哥哥。

2. 主题、议题

讨论小米粒不懂体谅别人的问题。

3. 寻找积极意图

小米粒硬缠着不舒服的"麻麻"讲故事是为了多听故事、增长知识,而不是故意不想照顾"麻麻",让妈妈生气。

4. 启发式问题

妈妈问:爸妈不舒服时,孩子还坚持让父母为他讲故事,爸妈会有什么感觉?

米粒答:一定会很难过,还有会生气!

5. 头脑风暴(想尽可能多的解决方法,不管靠谱不靠谱的)

①米粒:"麻麻"生病不舒服时,我又很想听故事,可以让"粑粑"讲。

②米粒:也可以不看书,直接睡觉去。

③妈妈:今天就不看书了,明天多讲一个睡前故事。

④米粒:让"麻麻"多睡一会儿,好了以后再讲。

⑤哥哥:让"麻麻"选择一件轻松的事情代替。

⑥米粒:妈妈想弯腰时,赶紧扶着妈妈(丫头开始天马行空了)。

⑦米粒：自己给自己讲故事，玩玩具，画画，写字。

6. 让小米粒自己挑选可行方案

在大家的集体商议后，米粒挑选了①、②、③、⑦作为可行的方案。

总结：这是一个让我无比意外和感动的家庭会议，首先小米粒很坦诚地承认了不足的地方，通过启发认识到对别人造成的不良影响和带来的不好后果。头脑风暴中米粒居然想到了那么多的方法！一个人想出了5个合理的主意。小家伙点子还真多呢。

接下来我们就要静待会议成效了，我肯定会有效果，因为会议后第三天的晚上，我又累了（不好意思老是累），跟米粒商量怎么解决睡前故事，米粒说：让"粑粑"讲吧。我问：你不怕他讲不好？米粒说：开会时不是说好的可以让爸爸讲吗？

我说：可是爸爸在打电话，没有时间呀。

米粒说：妈妈，这样吧，今天就不讲3个故事了，就讲一个好吗？讲一个短的就行了。

我说：这个主意不错……

然后我很轻松地讲完一个3分钟的故事，关灯睡觉……

二、一次生命的感受体验

选择比较舒服的姿势，轻轻地闭上眼睛，以让自己能够彻底放松下来为目的，体验不一样的生命感受。

和孩子一起成长，这是每一位家长的必修课，下边的引导词请家长自我体验7次后，就可以作为解决孩子学习上、成长中的初级导师了。也可以配合轻松、舒缓的音乐一起，不妨一试，很灵验！

（一）语言引起图像的尝试很美妙

例如，

轻轻地闭上眼睛，做两次深呼吸，（停顿5秒钟）

好，非常好！

想象一下你正在进入深度睡眠状态的感觉，（停顿5秒钟）

你正赤脚在大海边的沙滩上漫步，（停顿5秒钟）

脚下的一颗一颗小沙粒正亲吻着你的脚心，（停顿5秒钟）

一种似曾麻胀的感觉你感觉到了，

此时此刻，你的内心很轻松，很舒服！（停顿5秒钟）

你正在海边度假！（停顿30秒钟）

（重复三遍）

唤醒，分享，有什么体验和感觉？比如，舒服吗？轻松吗？等等。不加评判，如果心静下来，必然有不一样的感觉。没问题的，这是最简易的静心方法，很有用。我在十多年咨询治疗中常常用，很有效果，也很实用，很简单。

（二）图像化解内心问题别有一番情趣

例如，

湛蓝的大海无边无际，非常的开阔，（停顿5秒钟）

他就像一个伟人的胸怀，海纳百川，

你正体验着大海无比宽阔的能量，（停顿5秒钟）

你甚至拥有了海的胸怀和力量，

海水拍打着海岸，（停顿5秒钟）

波涛冲刷着泥沙，（停顿5秒钟）

一种无比轻松的感觉很美，

你正在享受，享受着……（停顿30秒钟）

唤醒后，与之分享不一样的感觉和生命的体验。

（三）用意念法会解决思维混乱的问题

例如，

今天该你擦黑板，（停顿5秒钟）

这是每一个值日生必须做好的，

黑板上好像写着与你有关的事情……（停顿 5 秒钟）

你正在擦黑板，

你觉得黑板很不干净，（停顿 5 秒钟）

你擦着擦着，怎么老是黑乎乎的，

继续擦，当您擦到第七遍的时候，

你会觉得黑板似乎干净多了！（停顿 5 秒钟）

从今天开始，您每天晚上睡觉前都坚持擦七遍，

七天之后您会擦得很干净，（停顿 5 秒钟）

没问题，你会擦得很干净！（停顿 30 秒钟）

唤醒后，与之分享黑板擦净了没有？心理有什么感觉？

（四）关闭肌肉神经系统给生命充电

你正躺在松软的大草原，（停顿 5 秒钟）

小草正绽放着阵阵清香来滋养着你的身体，（停顿 5 秒钟）

身体上的所有肌肉已经停止一切运动，（停顿 5 秒钟）

静静地接受着小草和大自然的滋养，（停顿 5 秒钟）

你只能感觉到骨骼的存在，（停顿 5 秒钟）

所有的肌肉没有了任何存在的感觉，

大自然正在为你充电，（停顿 5 秒钟）

很好，很舒服！（停顿 5 秒钟）

你已经获得了自信满满的能量，

你已经很自信了，

没问题，你已经非常自信！（停顿 30 秒钟）

唤醒后，与之分享，有什么收获？什么感觉？自信心怎么样？

三、一次心灵的远行

心灵的远行，揭示了人生在世的一个完整生命体验过程，可以选择舒

缓、轻松的音乐一路同行。家长需要无数次的自我阅读、诵读，逐渐变为用心去读，这样你就进入到角色里边，收获很多。

这是一个阳光明媚的早晨，太阳格外的扎眼，我同好多人一样，穿着漂亮得体的衣服，坐上了心灵远行的列车……

车上人很多，但都是面带笑容，彼此尊重并欣赏着过往的风景……

旅途中，天气突然黑云密布，电闪雷鸣，很无奈车在一个可以稍作避风遮雨的驿站停靠下来，车上有的人就不打招呼地下车了，同时又有人上车了，乘车人的脸上几乎看不到曾经的微笑……

列车艰难起步，行走在泥泞不堪的土路上，此时乘车人，表情各异，有怨天的、有骂街的、有沉闷不语的，也有不惊恐、很自信地以笑面对的……

走着，走着，太阳战胜了乌云露出来灿烂的笑脸。乘车人的心态又恢复了平静。列车停在一个沙漠小站，又有人下车，有人上车，甚至一起出行的人都不再结伴而行，而是各有选择……

穿越沙漠开始不久，太阳就耍起了威风，炙烤沙漠犹如碳烤羊串一样，炙热难耐，此时此刻沙漠中有一块很醒目的路牌，路牌上写着：当你在生活中遇到挫折和不满的时候，请你在此沙漠中写下你所有的苦恼、怨恨、不满、痛苦、愤怒之后，请继续走完你的远行，一切问题就不是问题，切记，一定照做！

走着，走着，沙漠的远处有一棵四季树。四季树正给路过的人讲述遭遇一年四季不断变故故事。

夏天，树叶满枝头，舒展大方，树下不时有人纳凉、赞美，这棵树也觉得很有成就感，尽管风吹日晒，但它坚持"撑开大伞"遮风挡雨，护卫自己的孩子——小果实的成长。

秋天，一片红叶照半天，人们赞美着成熟的果实。收获着美味、可口的果实！此时的枝叶慢慢地失去了舒展、青绿的姿色，变得萎黄、干枯，一场秋风扫落叶，满目疮痍叶退尽。

冬天来了，树不再骄傲了，低下了头颅，潜藏着力量，迎接着刺骨的寒风和骄横雪霜的打击，暂时的被压倒不等于永远起不来，坚持着，拼尽全力，迎来了春姑娘的青睐。

春天里，枝叶悄无声息地露出了头，树枝抖动着身枝迎风起舞，展现着春的美丽，舒展起来，尽情地接受自然的给予吧！

四季树的故事给了您什么样的启发？

当告别四季树经过沙漠路牌的时候，人们惊奇地发现痛苦没有了，有的是轻松的身体、平和的心态，一切就是那么回事……

返回的列车似乎少了很多东西，但是乘车的人没少，更多的是人们下车时的留恋和经久不衰的故事。

人生就是这样，努力着、享受着、痛苦着、忍耐着，太阳出来的时候依然很灿烂，有上车、有同车、有下车，有一起从始到终的相伴，也有时常下车和上车的无奈，过往就是生命的精彩，经历就是先前的故事，故事就是故事，故事永远是有希望的。

别怕问题，欣赏问题，是问题造就了当下的自己，这也就是走向成功的不二法则。

马云是，任正非是，俞敏洪也是！

四、走进中医经络催眠的课堂

这似乎是一个非常难懂的命题，似乎中医经络催眠很遥远，似乎高等学府的精英也不太懂中医经络催眠，这说明了什么？正说明了闭门造车、封闭办学带来的缺失。第四军医大学李永奇教授在 2018 年 9 月出版了一本名为《3D 医学》的专著，有 17 位院士为其写了书评，可见此书的价值和分量。《3D 医学》中在第 308 页肿瘤 3D 医学建设中写道：4. 经络催眠室，5. 个人经络催眠治疗系统；在第 311 页高血压诊疗策略中写道：5. 睡前中医经络催眠治疗 30 分钟。该专著中的心肌梗死、免疫力疾患、糖尿病等治疗都涉及中医经络催眠。所以说，中医经络催眠是中国特色的心理治疗和咨询技术，简单实用，超过西方的所谓催眠术。

说催眠很神奇，是因为你没有走进催眠的课堂；说催眠不好学，是因为你根本就不知道你具备很强大的学习能力；说催眠很难使用，是因为你压根就没有使用过。其实，你只是不知道曾经也有过被催眠过的体验？其实你并不知道自己能够进入多深的催眠状态？其实生活需要一次一次的催眠状态，只有催眠自己，生活才无限精彩纷呈！

（一）什么是催眠？

提起"催眠"人们不由自主地联想到魔法和诅咒，联想到在电视上看到的是不法之徒在利用催眠控制人内心的、操纵某个人的言行的歪门邪术。甚至会顿生一种好像是犯罪的感觉，愚昧的表现。岂不知现在在菲律宾的棉兰老岛和巴布亚新几内亚的腹地，当地未经现代文明熏陶的原始部落中运用巫术治病、求咒符等仍很常见。这些蒙昧的意识并不仅是在原始社会才有，即使在美国和日本这样的发达国家里，除了近代医学领域的催眠术外，那些新兴宗教、女巫降神等都根深蒂固地存在着。

可是，在医学界"催眠术"不是随意逗笑的事情。19 世纪，印度医生成功地运用催眠术作为麻醉剂，甚至用于截肢手术，直到发现麻醉剂乙醚后这种做法才弃之不用，而最近关于催眠和暗示的研究给我们提供了一种新的视角来了解大脑正常功能的运作机制。

近年来，许多关于大脑成像的研究也发现，极易接受催眠的人可以从彩色的抽象图画中"滤去"颜色，即看不到颜色。在每个案例中，这些人大脑中涉及感知颜色的区域会发生不同的活动。

2006 年年底，美国斯坦福大学研究催眠临床运用的精神病专家戴维·施皮格尔博士根据大脑最新研究成果解释了催眠术的实质，他指出，数十年的研究表明，只有 10%～15% 的成人极易接受催眠；而在 12 岁以前，人的大脑信息传递途径还未成熟前，80%～85% 的儿童极易接受催眠；20% 的成人对催眠有抵抗力，其余的介于两者之间。

大脑扫描图显示，当人们接受催眠，面临选择，决定该如何做到时，控制机制会失去功效。哈佛大学神经学家斯蒂芬·柯斯林博士说，大脑自上而下的处理过程控制了感觉信息，或称自下而上的信息。人们认为，对外部世界的所见、所闻、所感构建了现实，其实，大脑是根据过去的经验构建它所感知的事物。多数情况下，自下而上的信息与自上而下的预期相符。但催眠很有趣，因为它让两者发生了错位。

尽管对催眠术是如何起作用的至今医学界了解不多，然而自20世纪50年代以来，医学领域就开始使用催眠止疼，而近年来则用于治疗焦虑症、抑郁症、精神创伤、过敏性肠胃综合征以及饮食失调。不过，人们对催眠的认识也存在不同意见：催眠状态究竟是怎么回事，它究竟是为了服从催眠师，还是精神高度集中、陷入沉思，以至忘了周围环境的一种自然状态？医学界还在继续研究这些未曾揭秘的问题。

对于催眠过程的神经活动的临床和研究已经取得一些令人信服的成果，确立了催眠术在精神医学和临床心理学方面，是一种极为有效的方法，原则上催眠术的确是任何人都能运用的，它可以使实施催眠术的人沉浸在一种好像暂时操纵了他人心理的奇妙优越感中。"5·12"汶川大地震发生后，笔者是在震后第九天奔赴灾区的心理援助志愿者队伍中的一员，主持领导了山西省教育专家专业委员会牵头的心理援助志愿者联盟，亲任前线总指挥，业务对接中国卫生部心理危机干预医疗队，出任第五分队总指挥，经络催眠心理技术在抗震救灾的第一线起到了积极的作用。但是实践也证明了，施行催眠术的催眠师如果没有医学及心理学的基础知识，往往会伴随着种种弊端和危险。所以说深厚的文化底蕴是心理工作者职业有效性的一个关键所在。

临床和研究已解释了催眠过程是感觉信号的处理过程，眼睛、耳朵和身体接收到的信息首先传递到大脑的初级感觉区域，再从那儿传送到所谓的更高级的进行理解的区域。比如说，花朵反射的光首先进入眼帘，然后转化为图案传送到初级视觉皮层，在那儿，大脑辨认出花朵的大致轮廓。然后图案传送到高一级的区域——就功能而言——辨认出颜色，然后传送到更高一级的区域，破译出花朵的属性以及关于特定花朵的其他常识。

从低级到高级区域的信息处理过程也适用于声音、触觉和其他感觉信息。研究人员将这种信息流动方向称之为"前馈"，当原始感觉数据传送到大脑某个部位，建立起可以理解的有意识的印象时，数据就从低端移动到高端，负责传送各种感觉的神经细胞束携带者的感觉信息，令人惊讶的是反方向的信息传递量，即从高端到低端的信息传递，这种传递方向称之为"反馈"，自上而下传递信息的神经纤维的数量是自下而上传递信息的神经纤维的 10 倍。如此大量的反馈途径表明：意识（即人们的所见、所闻、所感、所言）建立在神经系统科学家所说的"自上而下的处理过程"基础上。你的所见不一定都是你的所知，因为你的所见取决于随时准备解释原始信息的经验基础——比如花朵、锤子和面孔。

大脑自上而下处理信息的过程解释了许多问题，如果对现实的构建经历了如此多的自上而下的处理过程，这也就解释了安慰剂（一块糖片可以使你感觉变好）、非安慰剂（一个巫医可以令你生病）、谈话疗法以及药物疗法为什么会有效。如果高端——大脑信服了，则低端——人的感觉将受到影响。因此说催眠术是具有科学道理的，是能够经得起实践检验的科学之术。

我们在相关的书中也常常看到这样的描述："催眠是通往潜意识的神奇大门，催眠能够直接打开横亘在意识与潜意识之间那扇封锁的门，直接进入潜意识的黑盒子搜索深层的创伤、压抑、欲望、久远的记忆，直接曝光意识想隐藏、想伪装的事情，直接与潜意识对话，直接给潜意识输入新的指令"。

那潜意识又是什么？弗洛伊德把心灵比喻为一座冰山，浮出水面的是少部分，代表意识，而埋藏在水面之下的大部分，则是潜意识。他认为人的言行举止，只有少部分是意识在控制的，其他大部分都是由潜意识所主宰，而且是主动地运作，人却没有觉察到。

"动物能被催眠吗？"常有人这样问我："动物又不懂人的语言，为什么可以催眠？"其实这个问题就已经把答案说出来了，动物确实不会被催眠，因为它无法了解人的语言，所以，所谓的"动物催眠"并非真正的催眠。只是一种舞台秀，中央电视台就曾播放过类似的节目，冠名为科学揭秘栏目。笔者本人也曾做过这样的探索和演示，的确让好多在场的人叹为观止，惊叹不已。其实这也是利用暗示，首先给予视觉黑暗的暗示，再次给予双腿不能动了的暗示，这样两招，像鸡这样的动物就会被催眠了。

还有学生这样问我："老师，我会被催眠师控制而做出不该做的事吗？"美国著名的催眠大师密尔顿·艾瑞克森认为，即使在催眠状态下，也不可能让人做出违背道德良知的事情。他也坦承，他没有办法催眠人去做出伤害自己或别人的事情，例如脱光衣服、说谎、电击别人等。我的回答更直接："中国的经络催眠术，不是控制人的技术，我可以在催眠过程中为你设立警戒点来保证你的安全。"

也有人这样问："进入催眠状态会不会醒不过来？"有些人担心催眠催得太深，以至于无法回来，一直陷入催眠状态中。事实上，这是不可能发生的，也没有任何医学文献记载过。这就好像无论夜里的睡眠多么深沉，人总会醒来一样。

作为一名心理咨询师、高级经络催眠师，我注意观察过周围的人群和我培训过的学生，敢于提问题的人都是对学习、工作认真，踏实肯干的。有所需才有所问，有问有答，才会有所悟。悟是学习催眠技术的高级阶段，是质的飞跃。

学习催眠术并不是一件困难的事情，关键在于规范的技术和正规的渠道。因为催眠术是一项探索心灵深处的技术，有很高的伦理道德和文化修养的要求。一定要在法律规范的框架内学习和探索，切勿茫然无知，误入歧路。

（二）什么是中医经络催眠？

中医是中国的国医，阴阳立足天地，五行把握五脏，经络遍布全身，元气贯通生命。《皇帝内经》里就有"移精变气之祝由也！"是除病消灾的根本大法，因此说祝由就是催眠的根，中国台湾地区出版的《催眠实景体验疗法》一书中就有对卜文智教授这一论断的描述。

提起催眠，人们往往以为只是让人进入睡眠状态，解决睡眠问题，其实不然。催眠作为一种治疗方法不但可以诱导人入眠，还可以减轻或消除病人的紧张、焦虑情绪和其他的身心疾病。

笔者认为：养生重在养心，养心重在睡眠；精神状态与睡眠状况是紧紧联系在一起的，精神状态不好，就不会有好的睡眠；睡眠不好，反过来又会影响精神状态。

笔者潜心20多年创立了中医经络催眠诊疗技术，依据《黄帝内经》中"精神不进，志意不治，病乃不愈"的施治理念，对患者施加心理影响，改变病人的精神状态，最后改善病人的健康状况。《黄帝内经》中讲："经脉者，人之所以生，病之所以成，人之所以治，病之所以起。"

在催眠术中融合了传统中医思想，并结合古老催眠方法——祝由之精要，利用经络穴道内外联系之作用，创造性地整合东西方 18 种心理咨询和治疗技术，通过临床 1000 例个案的验证，对亚健康状态人群的各种疑似病症有很好的康复效果，对失眠症、恐惧症、焦虑症、神经症、瘾症等症的康复治疗显示出独特的效果。卜文智的《中医经络催眠诊疗技术》已获得国家中医药非物质文化遗产责任人称号［国药办技（审）字第 09FG002 号］，2019 年 1 月 25 日有 40 多家网络媒体报道了卜文智教授的心理咨询与治疗技术，不少朋友打来电话，都用一个词——"大师"来称呼笔者，但笔者不以为然，汶川地震后就有不少人这样称呼过，直至今日，笔者依然坚信，催眠根在中国，自古有之，只是叫法不一。心理学成为一门独立的科学也不过 200 年的历史，哪比得上中国 5000 年的文化呢？

在一次所谓心理专家和精英座谈会上发言时笔者讲到，做心理咨询或治疗，不学好催眠就是"瞎掰"，原因是心理学解决的问题就是静心问题，不管学什么技术，都别过于迷恋。西方为了抢占中国的心理咨询市场时常将 1 个技术细化为 2000 多个技术，为什么这样？是为赚取中国人的银子。心理学的发展绝不可照搬西医发展的路径，把中国人绕进去。

低调做事，解决问题是笔者一贯的追求，没有意义的作秀、蒙人是笔者坚决反对的，笔者敢于挑战一些权威，力做中医匠人，心理达人，催眠名人。

下面的一段文字表述来自于 2009 年 12 月 30 日，由中华全国工商联合会医药业商会主办的《商会通讯》第四版 医道传真"卜文智与中医经络催眠疗法"。

卜文智认为，经络是人体中无形的管道，可以通内外、调里表、决死生、治百病，具有滋养和联系的功能。在中国催眠大师——马维祥教授门下，卜文智系统地学习了催眠的理论和方法，结合自己学习、研究的成果，卜文智最终成为独树一帜的中医经络催眠诊疗师。

卜文智先生的中医经络催眠治疗方法是，在催眠状态下，利用传统中医经络理论作为暗示的基点，通过不同手法对腧穴进行点、推、按、搓、拿、捏等刺激，来达到调节心理情绪、治疗心理和精神疾患的目的。

近20年的临床实践证明，卜文智的经络催眠疗法具有便捷、科学、环保、安全、有效的特点，主要适合亚健康、疑似病症、情感挫伤、内心无力、失眠症候、疑难杂症等调适，适宜12~65岁人群。尤其适合青少年的成长和学习力的增强，但对组织的内需发展也有特殊作用。

（三）中医经络催眠的作用

中医经络催眠作为一种特殊的心理调整和养生技术，在缓解都市人心理压力、调整身心方面，具有独特的优势，能发挥特殊的作用。催眠具有以下16种作用。

①建立信心，肯定自我价值：改善你的自我观感，导正负面行为。增进自信与自许，强化自尊，善处逆境心情。

②增加心灵财富：心灵财富丰富的人，对自己是满足的，金钱无处不在，当你需要时，它自然能出现，让我们时时刻刻丰富自己的心灵。

③控制体重与饮食问题：更新饮食习惯，促成体重增减，维持适当目标体重，增强体能与运动动机。

④消除睡眠困扰：脱离事务、职业烦恼。自我催眠带来欲睡前奏，醒来有如充电，精神饱满。

⑤处理生活各种压力：学习减压或消除压力技巧，改善特殊行为模式，降低血压，放松身心。

⑥掌握演说能力：不再害臊，终止羞怯。获得谈话信心，消除面谈紧张，降低演出、演讲或讲课的恐惧。

⑦终止焦虑、恐慌、恐惧与恐惧症：消除对事物的恐惧，如登高、航空旅行、人群、蜘蛛、疾病等。学习面对事物的不同反应，以新的正确的态度克服恐惧。

⑧改善生活品质：以积极的动机，目标的设定及达成，实现个人的满足。以成功般的满足舒适心灵。

⑨克服学习困难：增强教学技巧，改善学习习惯，提升记忆力与集中

力，校正学习态度，增强应试技巧。

⑩增强运动表现：强化运动成效，集中重点，启发成功感、胜利感、成就感。增强毅力与协调性。增强全方位的意向态度。

⑪提升个人创造力：开启写作、绘画、表演艺术潜能。启动创作动机。增强洞察力及问题的解决能力。

⑫促进健康身体：缓解及减低慢性病症状，如结肠炎、肌肉痉挛和溃疡。控制气喘、偏头痛等。缓解皮肤疾病。改善免疫系统与促进自然痊愈。

⑬疼痛控制：安全、自然的方法以替代麻醉，如外科手术止痛、烧伤止痛、牙医止痛等。控制慢性病的病痛，如关节炎或背痛。

⑭革除坏习惯，建立新习惯：增强积极动力，提升正面行为。消除负向思考，解脱愤怒、忧郁、挫折。

⑮协助自然生产：减低疼痛，轻松分娩，恢复迅速，建立亲子亲密关系。

⑯解除感情与肉体创伤：重现并去除人生创伤或悲剧事件。搜寻记忆，年龄回溯，时间倒退！

（四）学习中医经络催眠心法

学习中医经络催眠是不是很难？是不是家长就学不会？是不是老师在卖弄知识？在此我要说的是，其实我们每一个人都曾经被催眠过，比如一部好的热播电视剧，尤其是韩剧，会让你追捧不止，每天都不愿意落下，为什么？因为你被剧情催眠了。其实我们每个人都不知道自己能够进入多深的催眠状态，为什么？因为你们曾经都有过由于专注某一件事，而忘记了吃饭，或者送孩子上学。其实我们都知道当遇到有人突然昏迷不醒时，赶快用手掐人中穴，为什么？因为我们都知道那能救命啊！为什么鼻子和嘴之间的水沟叫人中穴？它不是人体的中央？因为鼻子呼吸的是天上的清气，也就是阳气，嘴吃的是地下长的东西为阴气，正好鼻子与嘴之间就是阴阳交汇的地方，所以叫人中穴。这下是不是就明白了为什么那里是人中。

我们都是中国人，我们的祖先都是中医治病。中医是国医，是根据中华民族的风土人情发掘起来的文化，讲究的是天人合一，日有白天和黑夜，中医就有阴和阳，人也同样符合阴阳五行的道理。经络有 12 条经脉，

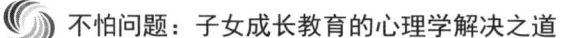

对应一年 12 个月，12 经脉上有 365 个穴位，对应一年 365 天，就这么简单，一学就会，不会是因为没人教你，所以说，学习中医经络催眠很简单，用心用功，学思深悟，必成大器。以下是学习心法，只要细读深悟，你就可以成为家里的健康指导师。

1. 静心功法，一周见效，专注呼气和蝉步行走

心静了一切都好了，学习静心功法是要师傅指导的，师傅领进门，修行在个人。

2. 锁定五句话，入心入脑，从今天开始，有不一样的收获

五行对五脏，五句真言对应心灵世界，打开的是心灵之窗，获得的是一次崭新的生命体验。

3. 班级学习和微课督导，天天都有进步

互相学习才能进步，在别人的世界里寻找自己的有用，同时借助微课的形式加强互动，共同进步。

4. 记住 15 个穴位的点法和功效，就有很不一般的进步

要记住的一定能记住，比如天地在哪里？穴位在哪里？人之所以一生下来就会哭，为什么？哪个穴位起了作用，这样的教法相信你不会都难。

5. 拜好师傅，清理自身疾病，从自我催眠起步

解决好自己的问题，才可以帮助别人，如果一个身患癌症的医生给你看病，你相信他能看好你的病吗？古代中医医病时特别讲究这些，而我们现代人不在乎这些了。问题在哪里？问题在不知道，当你知道了，你就会听话照做，事半功倍！

6. 学会观察和觉察，在学习中获得健康和技能

学会观察和觉察是一件了不起的事情，应对时代发展、子女成长、过好日子都需要。

7. 做爱提问、多练习的学生就能成为小有成就的催眠匠人

不耻下问，是古人学习的法宝。催眠既是术也是道，所以学中练，练中学十分重要。

第八章　洞见问题就不怕问题

在子女成长教育中你遇到过什么样的问题？
在问题的解决过程中你都学到了什么？

有方向、有目标对每一个人来讲都非常重要。一个有方向、有目标的人，就不会一直跌跌撞撞下去，短暂的跌跌撞撞，会成就今后更好的自己。心若向阳，不惧跌倒。起点固然重要，但是比起点更重要的是努力，比努力更重要的是方向和目标。

时光荏苒，趁着还年轻，趁着还有梦想，趁着激情未退，那就从现在开始行动吧！不早也不晚，一切刚刚好。从学习开始，共同成长，分享成长中的困惑和收获，洞见问题就不怕问题。

一、创伤性应激障碍的咨询与疗愈

（一）什么是应激障碍？

心理学上有一种严重的心理疾病，叫创伤后应激障碍。它的典型定义是："个体经历、目睹或遭遇到一个或多个涉及自身或他人的实际死亡，或受到死亡的威胁，或严重的受伤，或躯体完整性受到威胁后，所导致的个体延迟出现和持续存在的精神障碍。"创伤后应激障碍有许多症状，其中一个最主要的症状是"记忆侵扰"，即受创时刻的伤痛记忆萦绕不去。主要表现为患者的思维、记忆或梦中反复、不由自主地涌现与创伤有关的情境或内容，可出现严重的触景生情反应，甚至感觉创伤性事件好像再次发生一样。

（二）心理成因与发病机理

应激障碍是怎样形成的？简单说，就是遭遇重大冲击之后，整个人的反应都变得不正常了。它持续的时间有长有短，最初阶段，叫作急性应激障碍（Acute Stress Disorder，ASD）。处理得当的话，一个月之内就会好转。一个月好转不了的，有可能会被诊断为创伤后应激障碍，也就是我们经常听说的 PTSD（Post-Traumatic Stress Disorder）。那些经历了越战的老兵，很多就得了这种病。

越战？没错，越战已经过去几十年了，美国老兵当时的创伤还会栩栩如生。那么，会有哪些"情绪及行为改变"呢？

应激障碍的核心症状有三组。

第一组叫作创伤性再体验症状，意思是说，经历过伤害的人，在他的思维、记忆或梦中会反复、不由自主地涌现与创伤有关的细节，出现严重的触景生情反应，甚至在毫无防备的时候，会身临其境，误以为创伤事件再次发生。

创伤后应激障碍也称延迟性心因性反应，是由于受到异乎寻常的威胁性、灾难性心理创伤，导致延迟出现和长期持续的精神障碍。这类事件包括战争、严重事故、地震、被强暴、被绑架等。几乎所有经历这类事件的人都会感到巨大的痛苦，常引起个体极度恐惧、害怕、无助之感。

PTSD 特征性的表现是在重大创伤性事件发生后，患者有各种形式的反复发生的闯入性的以错觉、幻觉（幻想）构成的创伤性事件的重新体验，也称为闪回（flash back）。患者面临、接触与创伤性事件有关联或类似的事件、情景或其他线索时，常出现强烈的心理痛苦和生理反应。患者在创伤性事件后，频频出现内容非常清晰的、与创伤性事件明确关联的梦境（梦魇）。在梦境中，患者也会反复出现与创伤性事件密切相关的场景，并产生与当时相似的情感体验。患者常常从梦境中惊醒，并在醒后继续主动"延续"被"中断"的场景，并产生强烈的情感体验。

在创伤性事件后，患者对与创伤有关的事物采取持续回避的态度。回避的内容不仅包括具体的场景，还包括有关的想法、感受和话题。患者不愿提及有关事件，避免相关交谈，甚至出现"选择性失忆"。患者似乎希望把这些"创伤性事件"从自己的记忆中"抹去"。在创伤性事件后，许多患者还存在着"情感麻痹"的现象。患者给人以木然、淡漠的感觉，与人疏远、不亲切、害怕、罪恶感或不愿意和别人有情感的交流。患者难以对任何事物产生兴趣，难以接受或者表达细腻的情感，对未来缺乏思考和规划，听天由命，甚至觉得万念俱灰、生不如死，严重的甚至采取自杀行为。此外，有些患者则出现睡眠障碍、易激惹、易受惊吓、做事不专心等警觉性过高的症状。多数患者在创伤性事件后，一年内恢复正常，少数患者可持续多年，甚至终生不愈。

第二组叫作回避和麻木类症状，意思是说，经历过伤害的人，会持续性地极力逃避与创伤有关的任何事件或场景，拒绝参与一些实际上没有危险的活动，有人甚至会出现选择性的遗忘，无法想起与创伤有关的事件细节。

第三组叫作高唤起症状。意思是说这个人会过度警觉、常常会有强烈的惊跳反射，注意力不集中、容易有攻击冲动，还有弥漫的焦虑情绪。

如果发生在孩子身上，因为有些症状他们无法用语言来表达，也没有那么完善的理智去控制，所以还会表现得更严重一些，比如哭泣、吸吮手指、面部抽搐、二便失禁、害怕独处或陌生人、急躁、易怒、呆滞等。

创伤性事件最大的危害是什么呢？就是人的"信任"系统彻底失灵。创伤后应激障碍是应激相关障碍中临床症状最严重的，愈后如不好可能有脑损害。举个小例子，你出门散个步，是没问题的吧？因为我们都"相信"马路上是安全的，所以随时想走就能走。但是一个遭遇过马路杀手的人，从事故中活下来，他可能身体机能康复了，但是很长一段时间都无法再"相信"路上是安全的了。

他走在马路上，听到喇叭声就吓得尿裤子，这叫创伤再体验。

他再也不敢出门了，这叫回避和麻木。

他一看到开车的人就握紧拳头，这叫高唤起。

创伤治疗的基础，当然，先要处理造成这种创伤的人及场所。这可以传递出一个起码的信号：危险解除了，你现在已经安全了。

但这只是一个基础，还不够。

暂时的安全之后，还要修复长期的"安全感"。

安全和"安全感"，不完全是一回事。孩子待在家里，是安全的。但是总会有一天，他要走出去，到外面的世界。也许去一个新的幼儿园，认识新的老师，离开爸爸妈妈。他会不会觉得很危险？他能不能勇敢地迈出这一步？他会逃吗？他相信跟新的老师在一起，是安全的吗？——那是"安全感"。

所以说，身体上的伤痛，好起来还算容易。留在心理上的痛苦，疗愈起来才是最难的，每个受到伤害的孩子要花多少代价，才能重建"信任"呢？

（三）咨询与疗愈的方法

1. 延时暴露疗法

延时暴露疗法（PE）由美国的 Foa 和 Kozak（1985，1986）创建，是全世界公认的治疗创伤后应激障碍（PTSD）的最权威方法。

延时暴露疗法的核心理念是帮助你在情绪上处理创伤经历，通过对创伤记忆的成功处理，减轻你的 PTSD 症状以及与创伤有关的其他问题。整个治疗过程一般包括 12~14 次咨询，每次咨询约 90~120 分钟。

治疗过程大致如下：

第 1 次咨询：介绍治疗计划和治疗原理，引入呼吸训练。

第 2 次咨询：介绍创伤的一般反应，引入现实暴露。

第 3~5 次咨询：介绍并实施想象暴露。

第 6~12 次咨询：实施最恐惧情景的想象暴露。

第 13~14 次咨询：回顾治疗过程，探讨治疗前后的变化。

PE 疗法的治疗对象：

不是所有经历过创伤的人都适合 PE 治疗，PE 疗法需要具备以下五个条件。

①在创伤后有 PTSD 症状和相关问题（如抑郁、焦虑等）。

②能清晰、完整地回忆创伤事件，并能够想象和描述创伤记忆（口头

或书面），故事有开头、中间和结尾。

③没有自杀和伤害他人的冲动和计划，且最近没有实施过这些行为。

④当前没有严重的自伤行为。

⑤当前没有受虐待或伤害的高风险（例如，与施虐的配偶、同伴或其他对你有人身伤害的人一起居住，或时常见到）。

2. 四层面疗法（Four – level therapy）

```
                        行为

          思维          人          躯体

                        情绪
```

该方法是笔者在个案实践中总结出的行之有效的方法，从四个层面切入，达到解决问题的目的。创伤应激障碍造成最坏的结局就是向内愤怒，抑郁极端的时候会杀人、自杀，对人造成的影响表现在以下四个方面。

（1）思维反应

强迫思维、过于敏感、报复思想、易激惹、绝望、注意力不集中、自杀想法、涣散、幻觉、偏执、反社会、患得患失、兴趣减退、自卑自责、自我否定等的应激反应。这些思想反应与思维局限有关系，所以在心理服务的同时要注意矫治思维方法，采取积极的思维，不纠结问题的存在，开始欣赏问题，那问题就不是问题了。

（2）情绪反应

紧张、焦虑、恐惧、压抑、羞耻、躁狂、抑郁、愤怒、自责、冷漠、强迫等一系列情绪反应都会不约而同地出现。也就是说，心理情绪波动不宁，难以正常地生活和工作。只有解决了情绪反应，内心平和，接纳现实的自我，让患者静下来，一切问题就不是问题了。

（3）躯体反应

失眠、头疼、暴饮暴食、头昏、胃痛乏力、脸色晦暗、内分泌失调、晕厥休克、乏力、呼吸紧张、湿疹、过敏、心动过速、哮喘、血压升高、口吃、口疮、嗜睡、便秘、腰痛、结石等症状，这些症状不一定同时出现，但至少有十种症状是容易觉察和发现的，所以在咨询或治疗时，只有联动性地解决相关症状，患者就会有轻松好转的感觉和良性反应，这是咨询必须考虑的首要问题。

（4）行为反应

自杀、自伤、伤人、杀人、回避退行、强迫暴力、裸奔、自制力丧失、绝食、吸毒、网瘾、酒瘾、购物狂、吸烟等过度的行为反应，都是创伤后影响所致。在解决了身体反应和情绪之后，行为反应就会主动降低。

对于创伤应激障碍的咨询治疗分三个步骤：一是干预；二是长时间的心理咨询与治疗；三是呼吸训练。

3. 积极心理疗法

传统医学和心理治疗是从精神病理学的观点看待人的。他们研究的对象是疾病，其治疗目的是祛除疾病。这就像外科大夫把有病的器官割掉一样。其结果是病被治好了，而不是人被治好了。病人想的是："看来只能以我的病来引起医生的注意。"这就使疾病在他们的心里显得特别重要，从而造成治疗上的困难。

病人不仅遭受所患疾病的痛苦，也遭受由于诊断而带给他们的失望。这些痛苦和失望，部分是由于历史和文化所致。如果我们在他们的想法中整合进一些别的东西，就可以消除这些作用。

积极心理治疗的特殊之处，在于治疗过程中运用直觉和想象，在于把故事作为治疗者与病人之间的媒介，在于不与病人的观念直接发生冲突的情况下提出改变其观点的建议。由于观点的改变，病人最终放弃了自己片面的看法，对问题产生新的解释。

积极心理治疗意味着在跨文化的基础上以冲突为中心的治疗模式。它包括三个方面：积极的概念、冲突的内容和五个阶段的整体治疗。

(1) 积极的概念

一种行为、一种疾病或一种症状，从文化和历史的观点来评估，会得出不同的含义。与以治疗症状作为目的的传统心理治疗相比较，积极心理治疗既看到了紊乱的一面，也考虑到人们所具有的能力。

从相互作用看，个人看待事物的标准会带来偏见，并阻碍与他人的交往。积极心理治疗不去解释那些奇怪的行为，而是寻找什么使这些行为看起来令人感到奇怪。这就意味着，我们要把其他文化的观点、概念和规律运用到我们的家庭和治疗体系之中。

从实践中看我们似乎在询问某个人的症状，而实际上是要从中得知其"积极的"含义（见下图）。比如："脸红有何积极的作用？""我从抑制中能得到什么好处？""失眠和睡眠障碍起什么作用？""我的焦虑意味着什么？"

症状	传统的解释	积极的解释
性欲缺乏	无法达到性快感	不以身委
抑郁	神经的情绪低落	能对冲突做出深刻的反应
懒惰	没志气、不勤奋、性格软弱	能避免争强好胜
怕独处	跟自己都处不来	说明要求与他人相处
神经性呕吐	食欲缺乏、青春期过于追求苗条	能约束自己、能用饥饿摆脱女性角色、能分担共同饥荒

这些重新评估开辟了新的治疗途径，由于积极心理学治疗立足于现实，允许对这些症状另行评估，使治疗者易于接纳病人。同样，也使病人更易于处理那些与疾病有关的而又未暴露的心理及社会问题。

(2) 冲突的内容：现实和基本能力

积极心理治疗的基本概念是：每个人均具有两种基本能力，即认识的能力（知觉）和爱的能力（情绪）。由于对现实的认识而派生出：守时、有序、整洁、礼貌、诚实、节俭等。由于爱而派生出：耐心、时间、交往、信心、信任、希望、信仰、怀疑、确定和团结等。

从18种不同文化背景对冲突的处理方式得出这样的结论，冲突可以分为四种类型,也就是说,当我们感到烦恼不安、压力沉重、被人误解、生活紧张而没有意思时,会以下面四种方式表达出来。

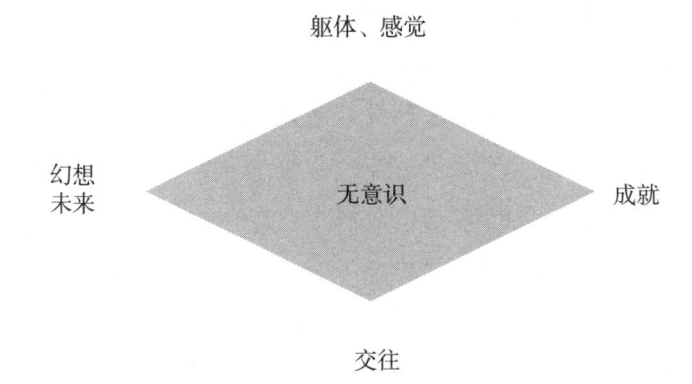

躯体、感觉

幻想未来　　无意识　　成就

交往

躯体、感觉:以心身疾病的方式或以觉察自己身体的方式来反映冲突。

成就:与个体的自我概念相结合,可以采取逃避到工作中的方式,也可以以逃避成就作为方式。

交往:与家庭、伴侣及社会群体的关系,由传统的方式及个人的学习经验所决定。

幻想未来:直觉和幻想可以超越现实,能够包罗生活中一切事物,乃至对遥远的将来想入非非。人们可以从幻想中谋求冲突解决,从想象中达到愿望的实现。

(3)积极心理治疗的五个阶段

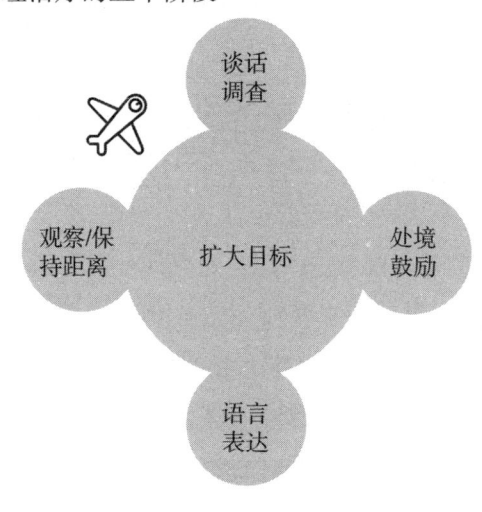

谈话调查

观察/保持距离　　扩大目标　　处境鼓励

语言表达

①观察/保持距离阶段：患者描述在什么时候、什么情况下感到烦恼，在什么情况下感到快乐，都有什么症状？治疗者用跨文化的例子和寓言给予积极的解释。

②谈话调查阶段：以结构式的谈话进行调研。患者处于什么样的冲突是积极的，什么样的冲突是消极的。由此探索冲突与现实能力之间的联系。

③处境鼓励阶段：积极地肯定患者的所作所为，而不是批评指责。

④语言表达阶段：与人交往中断是人际关系出现困难的特点。学会讨论出现的问题，正视问题、欣赏问题，问题就不是问题。

⑤扩大目标阶段：运用所有可以使用的手段，运用催眠式的语言能够直入心底世界，使患者尽快达到健康的状态。

二、神经疑似症的咨询与疗愈

（一）什么是神经疑似症

神经疑似症指患者遇到心理困难后，把精神上的注意点放到自己的身体方面，担心或相信自己患有一种或多种严重躯体疾病，并在头脑中形成持久的先入观念。患者向家人、医生、亲友主诉躯体症状，反复就医，以引起别人的关心。各种医学检查的阴性结果和医生的反复解释均不能打消患者的疑虑。患者特别关注自己身体的各种细微的变化，对生理现象和异常感觉统统做出疑似病解释。

（二）病因和发病机理

疑似病症状可继发于多种精神疾病，如抑郁症、焦虑症、强迫症、神经衰弱、精神分裂症等和躯体疾病。具有敏感、多疑、易受暗示、内向性格的人，在患内科疾病时容易出现暂时性疑似病症。

典型的心因性疑似病病人主要是无法面对心理上的困难或挫折，转而关心自己的身体，潜意识里想借身体的毛病来换取他人的关心，可以说是

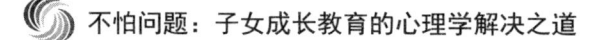

一种求救行为，也可以说是一种退缩行为。

原发性疑似病症的起病与心理社会因素和人格缺陷有一定关系。错误的传统观念、既往的经历、医源性影响往往是重要因素。处于青春期或更年期的人，较易出现植物神经不稳定的病状，如心悸、潮热等。对这类生理现象过分敏感、关注，甚至曲解，是疑似病症不适感产生的原因之一，有些疑似病症状产生于长期过度紧张、疲劳或者受到挫折之后。这时病人的身份有利于患者摆脱困境，取得心理平衡。如果患者的疾病行为得到亲友和医务人员的支持和强调，则各种症状可进一步固定下来。孤僻、内向、对周围事物缺乏兴趣、对身体变动十分关注、具有自恋倾向等人格特征，可为疑似病症的发展提供重要条件。

（三）心理咨询干预

由于疑似病的性质，无论医生怎么解释患者没病，患者都不会相信。因此，首先不要否定患者的病症，而是要耐心听取患者的倾诉，因为倾诉是疑似病患者的一种基本需求。满足病人要求，该做的检查都可以做，肯定患者的感受，让他相信病症可以治疗好。然后充分利用这种移情关系帮患者把病治疗好。

（四）催眠治疗方案

可选用催眠症状肯定法、催眠症状转移法、催眠内省法、催眠直接暗示法以及自我催眠法等。

个案治疗示例——一位觉得自己得了不治之症的女大学生

患者孙某，女，24岁，大学四年级学生。

患者自述从小读书努力，深受师长赞扬，因而对自己要求很高，平时较少参加同学们的集体活动，不是不愿意，而是总感到没有时间，希望等空闲后，再好好享受一番。今年考完研究生后，同学邀请她出去玩，自己也觉得过去对自己限制太多，压抑很久了，可以趁这个机会"狂欢"一下，于是一连六天打球、跳舞直到晚上12点以后，当时确实感到很累，但以为休息一下就会好，谁知过了三天就很明显地感到全身乏力，而且每况愈下。两周后去医院检查，因为九年前得过肝炎，所以怀疑是否肝脏有问题，但化验结果表明肝脏没有任何问题。医生说是疲劳了，休息几天就会好的。但回去后，并没有好转，反而越来越严重了，人越来越乏力，肝区疼痛、消化不好等各种症状相继出现，最近两个月连走路、做广播体操都感到力不从心。其间又去医院做过多次检查，心肺、肝肾、血液等全没有问题，医生认为是三分病因，七分精神因素；但患者认为，如果没有病，怎么会如此疲乏无力，到处疼痛和不适呢？是不是得了什么不治之症？这是一例典型的疑似病性神经症。从患者的求病经历也可看出，即使没有检查出任何毛病，患者也不会相信；而且，患者对精神因素或神经症的解释是不接受的。所以治疗这种病，一定要讲究方法和艺术。

经心理咨询干预后，进行催眠治疗。催眠治疗的过程如下所述。

①催眠症状肯定法——患者求医多次，每次医生都说没有病，是精神因素，这个解释患者无法接受，因此如果再用这个解释，患者将会失去治疗的信心。这次我们用症状肯定的方法，肯定患者有病，并且把病症固定在肝脏上，避免患者到处疼痛的感觉。在催眠状态下告诉患者，她得的是一种很罕见的肝脏疾病，肝脏内有毒素，这种疾病并不严重，但可以导致人疲乏、消化不好等症状（把患者所感觉到的症状全部包括进去，归咎于肝脏不好带来的结果），这种病可以治，以前没有治好是因为没有发现，一旦发现了，要治好是可以的，但患者一定要有信心和恒心，唤醒患者后，患者非常高兴，觉得治疗师医术高明，病症治疗有希望了，并保证有信心并坚持到底。

②催眠症状转移法——疑似病的治疗不能一次到位，因为患者的怀疑心理很重，心想我病了这么久，你一次就治好了？不可能！如果让患者产生这样的心理，就会给治疗工作带来阻力和困难，甚至影响治疗。因此，用症状转移的方法，慢慢地把"病症"解除，患者了解治疗的过程，就会深信不疑，从而解除疑虑，恢复健康。

在催眠状态下，告诉患者开始治疗，采取排毒的方法，先把肝脏的毒素排到肠胃，毒素排完后，让患者感觉到肝脏非常舒服，没有任何疼痛的感觉了，毒素全到肠胃里了。由于毒素已经进入肠胃，所以患者会感到肠胃有不适感，并有肠鸣和腹胀的感觉，不过不要紧，治疗完回去后会拉三次肚子，拉完肚子后，就把所有的毒素全部排完了，会感到全身轻松，食欲也会增加，身体会很快恢复，精力又会像以前那么充沛。由于毒素全部排出，全身不适的症状就都消除了，就会完全恢复健康。

③催眠内省法——在充分治疗好病症并得到巩固以后，用内省的办法帮助患者分析自己的性格缺陷和错误的行为模式以及应对模式。在催眠状态下，首先，患者分析自己出生在一个知识分子家庭，受父母影响性格保守内向，为人处世很认真，胆子小，疑虑多，和陌生人打交道也很紧张，很在乎别人对自己的看法，老是怕别人讲自己闲话，由于自己是早产儿，所以对身体特别紧张，一有不舒服就觉得是很重的病，又联想到自己早产肯定体质不好，抵抗力差，一有病一定会发展成大病，所以忧心忡忡。其次，平时对自己要求太高，神经绷得太紧，大学四年没有休息过一天，没有周六周日，每天就是教室—饭堂—寝室三点一线，晚上通常很晚才睡，从一进大学就为考研究生做准备，结果这次考试不理想，觉得考不上，越想心里越急，不知怎么面对父母，所以就觉得全身疼痛，到处是病。治疗师适时指出这是一种退缩的防御机制，为了逃避考研不理想的结果，得到患者的认同，然后与患者一起探讨良好的应对困难的模式，帮助患者树立正确的态度和培养正确的行为方式。

④催眠直接暗示法——通过上述催眠治疗后，还要改变患者的性格弱点和不良的行为模式以及应对模式，在催眠状态下暗示患者的病症已经完全消除，她的病症完全是由其性格弱点、不良的行为和应对模式造成的。从今以后，改正这些不足之处，性格会变得很开朗，对人对己都会很宽容，不会那么争强好胜了，研究生没有考上没关系，下次还可以考，只要你恢复了健康，有了好的心理状态，你就可以精力充沛地工作和学习，并取得很好的成绩，你已经完全恢复健康了，以后也不会再得这种病了，你已经一切恢复了正常……

⑤自我催眠——教会患者放松方法以及自我催眠法。

治疗一个疗程，患者完全恢复，结束治疗。

三、学习性应激障碍问题的矫治

学习性应激障碍主要发生在青春期的自我意识发展期。自我意识产生于人生第一次评价的突发期,他们会参照同伴的位置来评定自己的价值,而一旦落后于人就会感到世界一片黑暗,高考正是这样一次评价过程。父母的望子成龙,同学之间的明拼暗争,社会的企盼,一卷定终身的考试制度,都给正处于身心迅速发展期的青少年带来沉重的压力和困惑。当这种压力过于沉重,超过青少年所能承受的范围时,就会造成心理障碍,不仅造成学业的停顿,而且影响身心健康。

(一)造成青春期学习应激的主要因素

1. 认知水平

认知水平既包括其思维品质的特点,又包括其智力发展的程度。如一个认知水平较高的学生,在青春期已经形成自己的世界观,充分认识到高考并不是唯一的出路,只要自己努力了,即使没有考上大学,也还有别的路可以走,因此不会产生严重的学习应激障碍。反之,一个认知水平较差的学生认为高考就是唯一的出路,就会给自己造成严重的学习性应激障碍。

2. 性格特点

性格外向、乐观开朗的学生,比较容易应付沉重的学习压力,而性格内向,不善与人交流,多愁善感,遇事总往坏处想的学生,则容易被沉重的学习压力和对高考的企盼所压倒,导致情绪紊乱,产生心理障碍。

3. 家庭环境

家庭环境较贫困的学生,在他们的心理,高考似乎成了他们唯一的出路,高考的失利意味着一辈子的失败,因此他们往往背着这个沉重的十字架,被它压得喘不过气来。此外,父母对子女的期待值过高,会给子女施加很大的精神压力,也是造成学习应激障碍的重要因素。

4. 心理承受能力

心理承受能力较强的学生，即使学习压力和各方面压力很大也能应付自如，而心理承受能力较差的学生，只要有小小的风吹草动就觉得承受不了，整个人都要崩溃，容易导致各种心理应激障碍。

（二）心理咨询干预

①成长中的年轻人需要向年长且成熟的人模仿认同，以便帮助他们心理上成长与成熟，特别是有心理困难的青少年，更需要这样的模仿认同对象。因此，供给他们可以模仿和认同的对象尤其重要。

②由于刚成长的青少年缺乏生活上的知识和经验，对未来感到困惑，不知道未来会带给他们什么，因此，供给他们生活的知识和经验使他们对自己的未来有一个形象的把握，有助于他们解除困惑，依靠自己的力量重新站起来。

（三）催眠治疗方案

可选用催眠内省法，催眠认知疗法，催眠情绪疗法，催眠直接暗示法等。

个案治疗示例——临近高考突然口水增多、头脑昏沉的复读生

咨询者郭某，男，21岁，高三复读班学生。

咨询者自述以前读高中时与同学们在一起热热闹闹，心情舒畅。而现在上的是复读班，没有认识的人，没人可以说话。最近又搬入了高层建筑，好像进入了一个封闭的世界，更没有认识的人说说话了。由于自己是复读生，还有半年就要高考了，所以压力很大，每晚要到12点钟以后才睡觉，早上5点钟就爬起来看书。一次在上学路上突然口水增多，并且神经高度紧张，大脑感到无比压抑，头脑沉重，想控制也控制不住，反而更加虚弱了。一天之中，除了睡觉的几个小时外，其他时间都处于紧张之中。但每天还得坚持上课学习，现在除了口水增多和神经绷紧外，肚子总是感到很饱，食物仿佛都在喉咙上。没有一点食欲，睡觉时还经常从睡梦中惊醒。一想到自己以前的快活和自由自在，而现在却要承受这些痛苦，而且无处诉说，就感到特别的悲观压抑。特别是高考一天一天临近，眼看着同学们都在奋力拼搏，而自己却陷入苦不堪言的自我折磨之中，每天承受着巨大的精神痛苦，还要做出刻苦用功的样子，实在令人难以承受。根据咨询者的情况，为学习应激导致的情绪和身心紊乱。经心理咨询干预后，进行催眠治疗。催眠治疗的方法如下所述。

①催眠内省法——学习性应激障碍一般都有性格因素。在催眠状态下诱导咨询者反省自己的性格缺陷。由于从小家庭贫穷，受尽世间人情冷暖，造就了咨询者一颗力求改变自己贫穷状况的心灵，在很小的时候，就立下了大志，一定要考上大学，出人头地，为父母争光。因此在学习阶段一直是刻苦努力，不敢有丝毫的松懈。上次高考本来有希望，但由于临场发挥不好而落榜。看到母亲黯然的神情，咨询者心如刀绞，发誓一定要复读考上大学。在这种情况下咨询者又投入了紧张的复读，终于导致承受不了，出现身心障碍。因此，引导咨询者寻找自己过于追求出人头地的想法与现实的差距，正是这种强迫自己一定要做到的性格导致了自己的精神近乎崩溃，如能以较平和和成熟的心态看待人生，则不会把自己逼到这个地步，最后不仅实现不了自己的理想，还把自己的健康也搭进去了。

②催眠认知疗法——关键是引导咨询者正确对待自己的理想和实际之间的差距。让咨询者知道现代社会为每一个人提供了施展才华的机会，并不一定只有上大学这一条路，即使读了大学，也不一定就能成才，而古往今来很多有成就的人和大学问家，都是落榜者。明代著名医药学家李时珍、清代文学家蒲松龄、当代剧作家曹禺等都是落榜者，但他们却靠自己顽强的毅力和拼搏精神，成就事业，树立自己一生的丰碑。因此，人生的路是靠自己走出来的，要自己去争取去创造，而不是靠着一个大学学历就行的。大学的学历只是满足虚荣心的需要，并不能真正带来命运的改变。如果真正想改变自己的命运，就要坦然对待命运，只要自己努力了，结果并不重要，重要的是自己要有一颗永远向上的、拼搏的心。条条大路通罗马，只要自己肯拼搏，前途就一定是光明的。

③催眠情绪疗法——由于咨询者的神经过于绷紧，因此采用催眠情绪

疗法让其放松情绪，并在放松的过程中朗读一些名人名言和警句，使其能在放松的心情下领悟人生的真谛，帮助其真正成熟起来，勇敢地面对生活中的任何困难和险阻，用一种平和和成熟的心态去对待生命中的一切，有助于他放松紧张的情绪，恢复正常的学习状态，以良好的身体和精神状态去迎接高考。

④催眠直接暗示法——通过治疗，你已经对人生有了真正的领悟，你能以放松的心情来对待高考，想通了这一点，你的心情就会十分愉快，神经也不会绷得紧了，会觉得神经很放松，口水也不会分泌了，头更不会昏沉了，头脑会很清醒，注意力能集中，记忆力也会很好，食欲也会有了，肚子不会有饱胀的感觉了，你的身体和精神状态等已经恢复了正常，你将以饱满的精神投入到高考复习中去，你不会去想高考的结果，你现在只会去思考学习上的问题和难题，当解决一个又一个学习上的问题后，你就会有一种满足的感觉，你的精神就会很振奋，这种振奋的精神将一直伴你完成学业，顺利参加高考，并取得优异的成绩。

经过一个疗程的治疗，咨询者的生理症状消失，心理状态也明显好转，特别是认知水平有了显著提高。结束治疗后随访一年，咨询者顺利考上大学。

四、癔症的咨询与疗愈

（一）癔症的主要临床表现

癔症，又称歇斯底里症，是一类由精神因素，如重大生活事件、内心冲突、情绪激动、暗示或自我暗示，作用于易病个体引起的精神障碍。主要表现为各种各样的躯体症状，意识范围缩小，选择性遗忘或情感爆发等精神症状，但不能查出相应的器质性损害作为其病理基础。

1. 精神性临床表现

癔症性精神障碍，又称分离性障碍，指对过去经历与当前环境和自我身份的认知完全或部分不相符合。起病时精神因素比较明显，疾病的发作往往有利于患者摆脱困境、发泄被压抑的情绪、争取别人的同情，或获得别人的支持和补偿。典型的分离性障碍有以下四种。

（1）朦胧状态

主要表现为意识范围缩小，患者的精神活动常局限于与发病有关的不愉快体验，对外界其他事物不予理睬或反应迟钝。其言语、表情、动作多反映精神创伤的内容。常突然发生，历时几十分钟即自行恢复。清醒后对发作时的经历多不能完全记忆。

（2）情感爆发

意识障碍较轻，常在与人争吵、情绪激动时突然发作。表现为哭啼、叫喊、在地上滚或言行有尽情发泄内心愤懑委屈的特点。有人围观时发作尤为剧烈，常可历时数十分钟，清醒后可部分遗忘发作经历。

（3）假性痴呆

患者在精神创伤后突然出现类似严重智力障碍，对极其简单的问题甚至自身的状态都不能正确回答，或给予近似回答，给人以呆滞的印象，但实际上并不存在脑器质性的病变。如成年患者突然表现为幼儿一样，言语幼稚、表情天真等。

（4）癔症性木僵

在精神创伤之后突然出现较深的意识障碍，暂时神经细胞兴奋度相对增高，对外界刺激产生强而迅速的反应，从而使神经细胞的能量大量消耗。临床上，这类患者常表现为容易兴奋，又易于疲劳。另外，大脑皮层功能弱化，其调节和控制皮层下植物神经系统功能也减弱，从而出现各种植物神经功能亢进的症状。

2. 综合性临床表现

本病患者常同时有多种精神和躯体症状，大致可归纳为以下五类。

（1）衰弱症状

这是本病常有的基本症状。患者常感到精力不足、萎靡不振、不能用脑，或脑力迟钝，肢体无力，困倦思睡，特别是工作稍久，即感到注意力不能集中，思考困难，工作效率显著减退，即使充分休息也不足以恢复其疲劳感。很多患者述说做事丢三落四，说话常常出错，记不起刚经历过的事。

（2）兴奋状态

患者在阅读书报或收看电视等活动时精神容易兴奋，不由自主的回忆和联想增多；患者对指向性思维感到吃力，而缺乏指向的思维却很活跃，控制不住；这种现象在入睡前尤其明显，使患者深感苦恼。有的患者还对声光敏感。

（3）情绪症状

主要表现为容易烦恼和容易激惹。烦恼的内容往往涉及现实中的各种矛盾，感到困难重重，无法解决。自制力减弱，遇事容易激动；烦躁易怒，对家里的人发脾气，事后又感到后悔；易于感伤、落泪。约25%的患者有焦虑情绪，对所患疾病产生疑虑，担心和紧张不安；如患者因心悸、脉搏快而怀疑自己患了心脏病；因腹胀、厌食而担心患了胃癌；因治疗效果不佳而认为自己患的是不治之症。这种疑病心理可加重患者的焦虑和紧张情绪，形成恶性循环。另有40%的患者在病程中出现短暂的、轻度的抑郁心境，自责，但一般没有自杀意念或企图。有的患者存在怨恨情绪，把疾病的起因归咎于他人。

（4）紧张性疼痛

常由紧张情绪引起，以紧张性头痛最常见。患者感到头重、头胀、躯体化障碍，长期存在、反复出现、变化不定的多种躯体症状，可涉及身体的任何部位和任何系统。

（5）特殊表现形式

①癔症的集体发病，又称流行性癔症，多发生于一起生活的群体中。大多症状类似，历时短暂。

②赔偿性神经症，常出现于工伤事故，医疗纠纷中。患者症状的出现、夸大或持续并非患者本人的有意做作，而是无意识机制起作用。

③职业神经症，是一类与职业密切相关的运动协调障碍，如书写痉挛等。

（二）癔症的致病因素

精神因素，特别是精神紧张、恐惧是引发癔症的重要因素。而童年期的创伤性经历，如遭受精神虐待，躯体或性的摧残，则是成年后发生转换性和分离性癔症的重要原因之一。但躯体化障碍的发病与精神因素关系多不明显。精神因素是否引起癔症或引发何种类型的癔症与患者的生理心理素质有关。情绪不稳定、易接受暗示、常自我催眠、文化水平低、迷信观念重的人或青春期、更年期的女性，较一般人更易发生癔症。具有情感反应强烈、表情夸张、寻求别人经常注意和自我中心等表演型人格特征的人在受到挫折、出现心理冲突或接受暗示后容易产生癔症。

（三）心理咨询干预

基本的要点是适当地处理病人的"潜抑作用"，使病人潜抑下来的心理困难显现出来，有意识地去面对和处理它。

①引导病人讲述和激发与癔症症状有关的由具体生活事件引起的心理社会刺激内容。

②与病人建立可信任的关系，并提供适当的支持、解释和保证，以减除病人的"阻抗作用"，使病人可以敞开心扉。

③向病人解释引起癔症的精神诱因，排除器质性病变的顾虑。同时使病人知道，只要控制有关的心理诱因，癔症症状就会消除。

④对暗示性强的患者可采用语言或药物暗示的方法解除症状。

五、青春期问题的催眠治疗

青春期被认为是一个充满悖论的时期，也是一个充满矛盾、焦虑、暴躁与压抑的时期。这是一个从儿童向成人过渡的时期，不仅表现在生理方面，即青春期的发育暴进和初情期的开始，还表现在逻辑思维能力的提高。这表明，青春期还没有固定的性格和身份，正处于过渡和不稳定的阶段，他们无法预测不同程度的转变，使他们部分是孩子、部分是成年人、部分处于两者之间。因此对于他们来说，在青春期有几件重大的事情需要好好解决，如果解决得好，就能顺利通过充满危机的青春期；如果解决得不好，就导致许多问题，并带来一系列的问题，严重的甚至会影响到以后

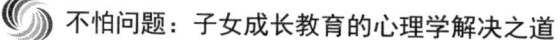

的成年生活。因此对于青春期问题，无论家长、学校还是社会，都不能掉以轻心。

（一）青春期的主要重大事件

1. 青春期发育暴进与初情期

青春期发育迅速加快，男孩大约始于 13 岁，女孩为 11 岁。一方面，身高和体重在此后 3 年内快速增长，直到接近成人；另一方面，由于下丘脑受到刺激，身体开始分泌生长素和性激素，除体形变化外，生殖器官开始发育，男孩出现胡须和粗的体毛，女孩的乳房开始发育。这种发育对青少年的心理有什么影响？研究表明，早熟的男孩倾向于更自信和更受欢迎，因为运动和身体的卓越技能常常是地位的标志，身体和力量的增长使他们在同伴小组中占有优势，相反其他的男孩就会感到困惑和压抑。但是早熟的女孩并不具有这种优势，反而会感到难堪，有害羞心理，没有晚发育的女孩自信。当然也不能一概而论，因为影响因素很多。

2. 青春期同一性和角色混乱

埃里克森认为，同一性与角色混乱是青春期的标准危机。在这一时期，社会的要求、生理上的成熟、反思能力的形成，使原来似乎统一完好的自我开始分裂。自我站在旁观者的立场审视自己："我是谁？我曾经是个什么样的人？我现在是个什么样的人？我从哪儿来，要到哪儿去？"这种审视和分裂正是自我升华的必然一步，但这就像分娩前的阵痛一样是难忍的。有的在反思的矛盾中崛起，更新了自我，有的则可能百思不解而沉溺于白日梦，离现实越来越远，还有的害怕这种矛盾，草草地认同一个人，结束这自我同一性过程。在这种情况下，社会应该允许青少年尝试不同的信仰（性的、宗教的或政治的），且没有过度的压力。一个人也应该尝试不同的职业抱负，最后通过解决同一性危机做出最终抉择。马西亚进一步深化了埃里克森的思想，提出四种同一性类型，他认为：首先，儿童从性混乱期（弥散期——还没有严肃地考虑问题或做出承诺）开始自我认同；其次，随着成长他们开始考虑道德、宗教及政治问题，进入排他期（基于家庭和社会期望做出承诺，没有严肃考虑其他问题），即毫不犹豫接受家庭或社会的价值标准；再次，进入延缓期（通过危机，积极考虑其他各种不同的可能），主动向传统信仰挑战，运用各种其他方式进行思考和行动；最后，达到成就期，形成了明确的自我认同。

3. 青春期的亲子关系和同伴关系

由于青春期的身体变化与不断增长的抽象思维能力相互作用，青少年容易过高看待自己，产生高度的自我意识，对道德和宗教问题日益关注，有理想主义倾向，开始用特定的信仰体系和道德标准来评判一切。因此，亲子关系在青春期大部分会变得较为疏远和紧张，即所谓暴躁和压抑期。这种关系的变化有两方面的原因：一是青春期的影响，因为青春期自主性增强，对父母感情亲密性降低，冲突较多。二是思维过程的变化，对父母期望及自己行动的变化，与此有关。自我定义和别人如何看待自己也可能改变，因此，需要建立分离的自我认同。另外，同伴关系在青春期变得更为重要，这也可能增加与父母的冲突。这一时期，青少年对友谊的焦虑非常高，非常看重同伴对自己的看法，他们寻找和加入志同道合的小组或小团体，以群体的标准显示自己的价值观念，遵循群体的行为规范，因此导致与父母的冲突。

4. 学业上的挑战

进入青春期的儿童，在学业上要求有一个明显的飞跃，尽管这种飞跃带有不少人为性。进入高中后，课程一下子增加了不少，难度也增加不少，这就要求转变过去死记硬背的学习方式，不再单纯依靠形象思维，要求有较高的抽象思维能力和高度的总结概括能力，这给学习带来一定的难度。如果不掌握新的学习方法，不提高自己的学习自觉性和独立思考能力，就无法跟上学习进度。因此，这给进入青春期的青少年施加了强大的学习压力，导致许多不适应和心理矛盾。再加上正好处于择业前夕，社会环境对青少年的期待值很高，家长望子成龙的心态日趋严重，高考对于很多青少年而言，就是命运的检验，青春期背负沉重的压力，容易造成许多心理问题。

5. 对性的态度

青少年随着生理和心理的发育，情窦初开，少男少女开始眉目传情，互相倾慕，甚至开始早恋，在这个过程中慢慢形成自己对性的态度，包括对性行为的态度，同时也带来性的困惑，甚至包括性角色混乱的困惑，这一时期如何完成自己的性别认同，如何确立性倾向，都对以后性心理的健康发展至关重要。

（二）青春期发育焦虑

青春期常常被认为是一个混乱的时期。随着内分泌因素的诱导，身体发生了许多引人注目的变化，最明显的改变是骨骼生长加速和第二性征的发育。青春期还有一个重大的心理变化就是性欲的出现，并出现多种多样的与性欲有关的心理活动。

1. 青春期的主要生理发育

（1）体型的变化

在青春期，由于激素刺激、先天因素和后天环境因素相互作用，骨骼的生长速率明显增加，身体长高。女孩最大生长速率发生年龄是 12～14 岁开始（多半在第一次来月经前后，身高的增加速度最快）；男孩要迟两年才出现青春期生长突增。女性多数长到 19 岁，至多 23 岁，就停止长高；男性则一直要长到 23 岁，个别可到 26 岁，身体的高矮成"定局"。青春期下肢骨骼增长很快，成为决定身体高矮的关键性因素，不过它的长势不长久；脊椎骨的增长速度远不及下肢骨，但它的长势比下肢骨持久。所以，人的身高十七八岁以前主要靠下半身，十七八岁以后，则全靠上半身。

此外，在青春期，人的体重也和身高一样，迅速增长，反映为内脏增大、肌肉发达，并出现"第二性征"。此外，女性青春期尚有骨盆逐渐长得宽阔，因而臀部增宽、内外生殖器官迅速发育等。

（2）女性的性成熟

青春期开始，女孩最初出现的身体变化是乳房轻度发育，接着有阴毛出现、月经来潮，其后是骨盆增宽。这些变化确切的发生时间有很大差异。

①乳房发育：从 10~13 岁开始发育，先是乳头突出；二三年之后内乳腺增生，里面的脂肪、血管增多，使整个乳房凸起；乳头四周棕色的一圈（称乳晕）逐渐增大、明显，整个乳房充分发育。75% 的女孩，16~19 岁才发育得与成年人相差无几。乳房的发育，主要受卵巢分泌的性激素的控制，其次受胰岛素、肾上腺皮质激素、甲状腺素等的影响。

②阴毛发育：12 岁后，有细茸毛分布，但无真正的阴毛存在；第二阶段有浅色的阴毛稀疏地生长，可见于阴阜和阴唇两侧；第三阶段为阴毛逐渐变深、变粗和卷曲，但仍是少量分布；第四阶段为阴毛具有成年特征，但还未达到大多数成年人那种程度；第五阶段则阴毛分布呈典型的成年女性，形成一个倒三角形。

③月经来潮：女孩月经初潮早的在 9~11 岁，大多数在 12~14 岁。月经初潮后的第一年，月经周期常不规则，也不排卵，此后的任何一个周期都存在着排卵的可能性。

（3）男性的性成熟

①睾丸的发育：青春期前，男孩的睾丸容积是 1~8 毫升，而成人睾丸的容积是 12~25 毫升。

这种容积的变化，几乎完全是青春期生长和发育的反映，青春期睾丸开始发育、增大，睾丸内逐渐有精子生成（18 岁以后可出现遗精），并由睾丸间质细胞分泌出睾酮。随着睾酮在血浆中的浓度不断增加，男性生殖器官进一步发育成熟，并逐渐出现第二性征。

②外生殖器的发育：男性到 9~12 岁后，阴囊开始增大，伴以阴囊变红和皮肤质地的改变，12~15 岁后，阴茎变长。但周径增大的程度较小，15~18 岁以后，阴茎和阴囊进一步增大，阴囊颜色变深，阴茎头更充分地发育，直至外生殖器的形状和大小成形。

③阴毛的发育：阴毛受睾丸与肾上腺所产生的雄激素的控制。男性阴毛发育的次序类似于女孩，每个男孩达到一个特定阶段的年龄有明显的区别，而且各阶段的持续时间也有很大的个体差异。

④此外，男性在青春期，喉结逐渐增大，声带加宽，声调变粗，发音

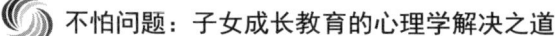

低沉，并且有乳房硬结出现，胡须、腋毛也逐渐长出。

2. 青春期发育焦虑的主要表现

（1）性早熟

一般认为性早熟是指女孩在 8 岁以前，男孩在 10 岁以前，性发育就已经开始，也有 3～6 岁就发育成熟的。其表现为生殖系统的提前发育和第二性征的出现。如男孩长阴毛、腋毛、胡子，嗓音改变，阴茎和睾丸增大，有遗精；女孩长阴毛、腋毛，乳房隆起，生殖器官发育或月经来潮。其发生次序常常与正常青春期的发生次序相类似，但也有许多例外的情况，如月经初潮有时可先于乳房发育。性早熟同时伴随身体的发育和生长加速，使身高增加和肌肉发育加快、骨骼提前闭合以及较早地停止生长。所以，性早熟的儿童的身体显著高于同龄儿童，而一旦那些同龄伙伴达到青春期时，早熟的儿童由于较早停止生长，反而显得略为矮小。性早熟的儿童由于身体和其他意识的成熟加速，当他们与身体发育相仿的大孩子在一起时，身体外形与认识能力或掌握社会的技能之间存在不一致性，有时可以产生种种问题，造成各种焦虑，初潮来临较早和乳房发育迅速的女孩更是如此。因此，应该对所有性早熟的儿童实施性教育，使他们了解自己的情况，还应使他们的父母认识到性早熟通常并不会促使过早发生性行为。

真性性早熟发生的性别比率，女性多于男性，女性与男性之比约 8∶1。有 80% 的女性病例和 40% 的男性病例病因不明，其余病例的病因可能是因为丘脑的性中枢病变、内分泌因素或睾丸、卵巢肿瘤等。如发现性早熟的儿童，需送医院检查治疗。

（2）青春期延迟

青春期延迟是指身高较正常同年龄的孩子矮小，第二性征及性器官成熟程度缓慢。青春期延迟的特定年龄标准目前尚未取得一致意见，但从性和身体发育的观点看来，青少年如果比同龄儿童发育慢得多的话，则可以认为是青春期延迟。如男性在 14 岁时睾丸和阴茎还不发育，或在 16 岁时还不出现骨骼生长突增，女性到了 14 岁乳房还不发育，或到 15 岁还未出现骨骼突增，则可认为青春期延迟。女性身体和性发育正常但没有月经来潮者，则不能认为是青春期延迟。青春期延迟的男孩，由于不发达的肌肉，矮小的身材以及短小的性器官，常造成社会心理问题，给患儿带来种种焦虑和自卑心理，而女孩的这种影响则不明显。

青春期延迟的原因很复杂，有先天遗传方面的，也有后天的营养和疾病因素以及心理原因等。先天因素有以下六种。

①先天体质因素：他们的父母或亲属往往也有生长及性发育延迟的情况。一般身高发育和青春期开始，比同龄儿童晚了3~4年。

②垂体促性腺激素异常因素：表现为身体矮胖，性器官发育不良。

③先天性甲状腺素缺乏：俗称呆小症，除身体矮外，尚有智力低下。

④先天促性腺激素缺乏：主要是性器官发育不良。

⑤先天性腺发育障碍：除身体矮小外，常伴有其他先天畸形，后天因素是多方面的，它与疾病有直接关系，如血吸虫病、营养代谢障碍、脑炎、脑外伤、脑垂体的肿瘤等。

⑥心理因素：由于青春期发育有先有后，后发育的儿童如果过于焦虑，可导致发育停滞，从而造成青春期延迟。

（3）青春期发育的三种类型

一般将青春期发育类型分为以下三种。

①早熟型。早熟型青春期启动得最早，女孩在8~9岁，男孩在10~11岁。突增高峰出现得早，停止生长时间也早。突增时间可维持1年左右，整个生长期缩短。此类型的儿童多为矮胖型，以女孩居多。

②晚熟型。晚熟型青春期启动得最晚，女孩在14~15岁，男孩在15~16岁方开始发育，突增高峰出现最晚，停止生长时间也最晚，突增时间维持最长，可达3年左右。整个生长期也较早熟型延长。此型的儿童多为瘦长型，以男孩居多。属此型的少年朋友切勿焦虑，按照这种发育类型，科学家预见，你是必然"后来居上"的。

③均衡型。均衡型介于早熟型与晚熟型之间，青春期启动在12~16岁之间，女孩较男孩要早，热带比寒带要早，突增时间维持2年左右。

（三）心理咨询干预

①要详细了解是否是真性的性早熟和发育延迟，如果有生物和遗传因

素则要劝患者尽早采取药物治疗。

②对由于心理因素引起的早熟或晚熟,则要给青少年讲解青春期发育常识,让他们知道发育有先有后是十分正常的,青春期发育存在着明显的个体差异,不能强求一致,切不可盲目攀比,自寻烦恼,造成不必要的心理负担。

(四) 催眠治疗方案

可选用催眠分析疗法,催眠认知疗法,催眠想象疗法,催眠直接暗示法等。

个案治疗示例——担心包皮过长引起阴茎发育不良的男孩

患者徐某,男,15 岁,初三学生。

患者由父亲带来看病。据父亲介绍,患儿胆小孤僻,自卑感强,不想去上学,在学校与同学有纠纷时从不讲理,动不动就打架,且经常逃学;平时经常皱着眉头,没精打采,情绪忽冷忽热,怕见到熟人,更不愿去公共澡堂洗澡(家里没有浴室),说是怕别人看到自己阴茎太小,每次去洗澡,很快就出来了;对什么事都没有兴趣,去旅游也提不起劲,照的照片连看都不想看,还有过短暂性血压升高。看了很多次病,做了很多检查,没有发现器质性的毛病,但仍不放心,吃了很多中药,也没有效果。自己说是心理毛病,要求来看心理医生。根据所述情况,初步诊断为青春期心理情绪障碍,但原因不明。经心理咨询干预后,进行催眠治疗。催眠治疗的方法如下所述。

①催眠分析疗法——在催眠状态下让患儿吐露造成自卑的原因。原来患儿从小包皮过长,导致经常发炎,12 岁时做了包皮切割手术,患儿很担心手术会不会把阴茎切短,后来在一本医学书上看到男性的阴茎都是在很小的时候就生长发育的,而自己从小就有包皮过长的毛病,可能影响了阴茎的发育,再加上手术也会对阴茎的生长发育造成影响,因此产生强烈的自卑感,生怕别人看到自己短小的阴茎,所以不敢在澡堂脱衣服,而且总觉得别人在背后嘲笑自己。

②催眠认知疗法——患儿显然对青春期性的发育知识缺乏了解且受到

误导从而导致焦虑，从担心自己阴茎短小到失去自信心。因此纠正患者错误的认知十分重要。在催眠状态下给患者讲解正确的青春期发育知识，包皮过长不会影响阴茎的发育，包皮切割手术也不会对阴茎的发育造成影响，且性器官的发育主要是在青春期，而不是在幼儿期就决定的；同时要让患者知道发育有先有后，特别是对于男性而言，往往发育更后一点，而且发育得越后，后劲越足，发育时间会越长，必然会"后来居上"，各方面功能发育得更完善。患者也经过了多次检查，没有发现任何器质性的变化，因此根本不用担心和焦虑，只要加强营养和锻炼，把注意力放到学习上，身体的各方面发育会自然而然地进行，也许在不经意中就会发现身体的惊奇变化。

③催眠想象疗法——主要是促进男性自我形象的建立，树立强烈的男性自我意识，促进男性荷尔蒙的分泌。让患者想象自己在体育场上的英姿，公益劳动时的干劲以及平时对待女同学时的绅士风度；在家时当父亲不在的时候能担当起一个男子汉的责任，是家庭的脊梁，处处体现一个男子汉应有的风采，以作为一个男子汉而自豪和满足。

④催眠直接暗示法——主要是树立患者的自信心。在催眠状态下暗示患者："你是一个很优秀的男子汉，充满自信和朝气，有强烈的社会和家庭责任感，你能像一个男子汉一样与人打交道，别人都会夸你彬彬有礼、有绅士风度，你有强健的肌肉、健康的体魄、旺盛的精力，你是一个真正的男子汉，没有任何困难能难倒你，你有顽强的意志力，你很快就会展示你的男子汉风采，一旦发育开始，你就会像火山爆发一样把所有的能量迸发出来，迅速成长为一个强健的男子汉。"经过一个疗程的治疗，患儿消除了焦虑和自卑心理。结束治疗。随访一年，患儿发育良好，性器官也发育正常且充满了自信。

六、同一性困惑问题的矫治

同一性是指人客观地认识自我以及围绕着自我周围的社会，在判断选择价值的基础上，重新升华自我的智能之后，形成的一种趋向性。根据埃里克

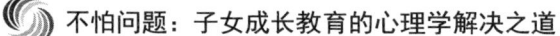

森的理解，同一性具有两个方面的含义：一方面是感觉到自己的独立性、连续性、统一性；另一方面是在自己所属的社会中，发挥自己所希望的作用，并同社会中的其他人具有共同的价值观念，意味着自我和社会之间具有连带感、一体感。

（一）青春期同一性获得的五个方面

1. 自我同一性

面对即将来到的成年期，青少年需要开始探索自己将成为怎样的人，这称自我同一。自我同一意味着，年轻人对自己所了解的一切，从朦胧到清晰、从积极的到消极的各种不同的自我形象，都结合成一种自我概念，这种自我概念不仅在今天有意义，而且也为未来的发展提供了可依赖的基础。这种增长着的过去、现在、未来连续性的意识，使青少年产生一种强烈的安全意识。

2. 寻求可靠的自我概念

青年人关注的主要问题，是寻求个人的同一性：我是谁。青春期是这样的时期：青少年要根据对自己了解的一切，进行评价和反省，以便对自己勾画出一个真实的形象。以往关于自我的意识，多半是基于他人（父母、朋友、亲戚、教师等）的看法。现在有了新的思维能力，他学会了考虑他人、过去、现在或以后怎么看待自己。因此，青春期的主要目标是，在内部和外部不断发生改变的情况下，树立稳定的自我同一性意识。成年必然对青春期的自我中心思想提出挑战，由此形成现实的自我概念：我是谁，从哪儿来，要到哪儿去以及成为自己的勇气。一旦歪曲了的自我和发展中的自我的冲突得到解决，青年人就会毫无顾虑地向成年挺进，这是自我认识必不可少的一个步骤。

3. 职业同一性

在大多数情况下，选择职业对青年人来说是一件很为难的事。职业的选择意味着，积极投身某一工作领域，真正做出个人的贡献。职业同一性有一种从同一性获得到统一性扩散的连续统一体。心理学家马西亚认为，同一性危机有四种个人的类型，从最理想的渐次为最不理想的。

①同一性获得状态：个人经历了危机之后，选定一个相当稳定的职业目标。

②延缓状态：个人仍处于危机之中，仍在积极寻找选择的目标。

③预先了结状态：个人已经做出职业选择，但未经历个人危机。

职业或专业的选择是在父母压力下所决定的，未对其他的可能性做过考虑，或是做权宜之计而已。

④同一性混乱状态：个人未作出任何承诺，而且也不准备积极去做。

成熟的成年人最常见的同一性状态是预先了结状态，其次是同一性扩散和同一性获得状态。由此可见，职业统一性和自我同一性，都是不断变化的、复杂的、持续一生的过程。

4. 通过自爱和对别人的爱获得同一

心理学家认为，在相当程度上，青春期的爱是通过把个人扩散的自我形象加于他人，然后观察引起的反应及逐渐得到澄清的过程，最后达到个人同一性确定的目的。在青春期阶段，青年人开始学会理解自己是一个独特的、发展中的人，开始自爱。随着自爱的发展，博爱开始出现。如果一个青少年受到过爱的话，也就会把这种爱给予别人。当一个人以爱待人时，他也多半会受到同样的对待。一种积极的爱的循环就会形成，即一个青少年只要生活在会施爱予人的人们当中，这对他的健康成长具有十分重要的作用。

5. 通过独立取得同一性

青少年在走向成年时，有着强烈的重新寻找自我同一性的需要。他们有时会更多地处于施予者地位而不是接受者地位；在成人生活的"心理和社交风暴"中，他们会检验自己新形成的同一性；他们需要从在长时间里给予他们安全感的人那里取得心理自由。这时必须让他们接受训练，取得力量和信心；父母应该像观众一样坐在一旁欣赏欢呼，或者轻轻地流泪。这种对成长中的孩子的爱，也就是孩子慢慢走向独立离开父母的过程，也许是人类一种最难实施的爱了。

（二）青春期自我同一性过程中的困惑

在青春期，青年人已经否定了儿童期的那个心理世界，对自我发生了浓厚的兴趣。他们经常在镜子里观察自己，经常问自己"我到底是怎样一个人"，对自己的认识出现了肯定与否定交织在一起的矛盾期，所以青春期又被称为"第二自我发现期"。

1. 自我认识的矛盾

青春期身心两方面获得显著发育。一方面青年人有了自信心，觉得自己能主宰自己生活的世界，自主和自律的生活态度增强了。另一方面青年人对自己的认识不足，缺乏人生经验，因而对自己的认识产生动摇、矛盾。最主要的倾向是自我扩大、自我萎缩两者交替出现。有时对自己充满自信，觉得自己什么都知道，不用别人来教导，有自我扩大的倾向；有时又很自卑，觉得自己无用无能，并反复向人强调自己的不足，说自己笨、不聪明，以此说明不能对自己的不努力负责任，逃避责任，有自我萎缩的倾向。青年人常常处于不能清晰认识自己的苦恼和困惑之中。

2. 对社会现实的强烈不满

青春期是在各方面进行探索、尝试并面临走向独立生活的时期，因此产生了独立自主的需求，主要体现在行为、情感以及道德评价等方面。在行为上，他们要求独立决定涉及个人的各种问题，希望有一定的行为自由；在情感上，他们希望能独立体验和选择个人的喜好；在道德评价上，他们希望能以自己的评价标准为依据，独立评价自己、他人的行为和社会事件。这种独立性也表现在对社会现实所具有的一种不满的情绪中。这种对社会的强烈的不满情绪可归因于两个方面：一方面是由于青春期仍处于理想主义的阶段，他们对于社会和人生的期望都带有强烈的理想主义色彩，因此，对现实中存在的弊端极为敏锐和反感，有时甚至产生强烈的愤怒或绝望的情绪，从而影响其对社会及人生的看法和态度。另一方面，他们对问题的观察和分析还带有片面性和表面性，所以其思想认识上易出现偏颇，导致对社会现实的看法只顾一点而不及其余。

3. 自尊心的满足困惑

青年人强烈关注自己的个性成长，关注别人对自己的看法和评价，有着强烈的自尊心。当自己的言行受到肯定和赞赏时，会产生强烈的满足感；如果受到批评和打击，或者冷嘲热讽，就会产生强烈的挫败感，影响情绪和心理发展。因此，青年人处于自尊心十分敏锐时期，十分关注外界对自己的评价，自尊心不能受到伤害，并会由于自尊心的伤害而对自己产生困惑和不认同，影响同一性的完成。

4. 自我意识引发暴力倾向

自我意识的内容包括生理我、心理我和社会我。生理我是人对自己生理素质的意识；心理我是人对自己智力、非智力因素及其相互关系的意识；社会我是个人对自己在社会人际关系中所扮演角色、所占地位和所起作用的意识。

从自我意识的内容来看，自我意识的发展经历了生理自我、社会自我和心理自我三个阶段。

（1）生理自我阶段

这是自我意识的萌芽阶段，此时，个体已经意识到了自己身体的存在，能区分自我与其他物品的差别，知道自己身体各部分是属于自己的，自己的存在与躯体相统一。在行为上，他们开始模仿父母或年长者的行为。

（2）社会自我阶段

从4岁到15岁，这一时期随着知识经验的增长和环境尤其是教育的影响，个体的自主性明显提高，对自己和客观环境的关系有了正确理解，开始把自己的行动作为分析的对象，产生自我评价的能力和自我实现的需要，在成人的指导下，出现自律行为，逐步摆脱外界的约束和他人的依赖，开始他律到自律的过渡。

（3）心理自我阶段

从青春期到成人，个体已经有自己的价值体系，并以此作为认识和评价客观事物的标准，形成了初步的人生观、世界观，具备独立的人格特征，思维的独立性和批判性进一步增强，能够按照自己的内心观念来行动，自我意识已经确立，有强烈的自我实现的愿望。

生理自我、社会自我和心理自我是密切联系、相互影响的，它们都包含着不同的自我认识、自我体验与自我监控，但由于比例和搭配的不同，构成了个体自我意识的差异，也使得每一个人都有自己对人、对己、对社会的独特看法和体验。

最近接触到这样一个很典型的个案，求助人是孩子的奶奶。她说，大孙女11岁，是双胞胎，学习很好，近几天扬言要杀妹妹，学也不上了，一个人在家里不出来，整天抱着手机玩，爸妈已离婚，奶奶独自带着两个孙女，每天晚上都大闹一番，砸东西、摔碗筷，实在没办法，求助心理咨询。是不是孩子真的疯了？经过深入接触，我打破咨询、干预的常规，带人旁敲侧击，以此引起关注，逐渐改变孩子的自我不接纳现状，三次干预确诊不是精神问题，与例假来临带来的内心能量冲突有关，三次对家长和孩子分别干预、咨询，孩子已经恢复健康，假如去医院检查，假如贴上标签，那这个孩子不就毁了吗？因此说，当自我意识恣意妄行时最容易被误诊为精神疾病，有一新的精神病种叫"双向情感障碍"，在此呼吁，当遇到这样的问题：一是不盲目给孩子贴标签；二是不盲目以量表测查结果为最后诊断；三是不急于找医生给孩子用药；四是找有经验的心理咨询师做深入分析之后采取适当的方法应对。

（三）心理咨询干预

①心理咨询要能富于伸缩性，配合年轻人的心理需求，不要过分拘泥于规则、形式。

②要尊重对方的个人存在，满足其被人尊重的需要，并与之建立一种亲近的、平和的、可信的关系，以便于进展辅导。

③要用心听取、了解年轻人的想法，并能建立相互申诉、彼此交换意见的双向沟通。

（四）催眠治疗方案

可选用催眠直接暗示疗法，催眠内省疗法，催眠想象疗法，催眠临摹

第八章 洞见问题就不怕问题

疗法等。

个案治疗示例——"救救我的女儿"

咨询者张某，女，18岁，高三理科班学生。

一天中午时分，我正要休息，一个陌生的电话在呼救："救救我的女儿"。这立刻打乱了我的生活节奏，引起了我的高度注意。"怎么了""我的女儿在一所重点中学读书，现在不想读了，晚上睡不着，对我们说，不想活了。"来电话的是一位中年男子，他说马上要见见我，救救他的孩子。根据家长的描述，孩子的情况大致是这样的：

学生张某是一名高三的理科学生。眉清目秀，性格内向，很是体谅家长的难处，也是家长眼里的骄傲。在中考时由于成绩优秀被推荐上重点中学，在班里成绩是中等偏上，在高一、高二一切很正常，到高三学校为了保证学生的读书和学习时间，建议学生根据自己的经济情况，重新选择宿舍，可从8人间调到4人间，每晚熄灯时间延长到零点。

张某是一个很听话的学生，为了使自己的学习成绩能够有所提高，就主动向全宿舍的同学提出，为了高考咱们调整到4人间宿舍。宿舍调整后，张某住上床，离顶灯很近，每晚总有同学要学到零点时分，这下张某有点不适应，一个月后，张某开始出现失眠、焦虑、身体不适等症状。当告知家长后，家长及时在学校外边租了一套房，并请来在异地的奶奶为张某做饭，以保证张某的学习和生活。这时的张某看到原宿舍的同学调整后都已经适应，而自己却越来越不适应，再加上小时候也没有和奶奶在一起生活，也有说不到一块儿的时候，学习时总是感到跟不上，加之父母陪伴自己学习和生活，内心感到很不是滋味。家长为了调整张某的情绪找医生开了助睡眠的药。张某服用了两个多月，效果不大，随着学习进度的加快，张某一直跟不上，跟父母说父母越发着急和不安，于是张某的失眠越来越严重，内心唯恐学不好，渐渐地有了不想上学的念头。当看到家长的急切心愿时，又不好意思说出来，时间一长就产生不想活的念头。家长知道这一情况后焦虑不安，四处寻医找药，常常泪流满面，泣不成声……

第一次咨询的时候张某并不是很乐意来，认为不会管用，在家长的再三说服下勉强前来，咨询中我安排了三个内容，一是让咨询者作一幅画，随便画；二是做一个意象看动物；三是做了一个催眠放松让咨询者好好睡了一觉。从三个测试中我看到了咨询者的内心世界，让咨询者第一次感觉到我能够理解她，15分钟的催眠使她感到很舒服、很宁静，心情自然好多了，于是主动提出再给她时间，她还要来咨询。

第二次的咨询，直截了当进入催眠状态，充分肯定她身上的闪光点，在潜意识中灌输对高三学习阶段的认知，强调调整宿舍没有错，相信你能够解决自己的问题，调整好自己的状态。第三次在催眠当中注入了内省和自救的方法，五次咨询后，张某的状态基本恢复正常，每天能够按时作息，按时做功课，按时做心理练习。

经过一个疗程的咨询，张某对人生问题的看法由悲观转为积极，思想显得成熟了许多，端正了学习的态度，并表示要集中精力搞好学习，争取考出好成绩。结束咨询。该女生的父亲来电话说，孩子情绪稳定乐观向上，不再自责和害怕，睡眠也不错，每天中午吃过饭后静坐在卧室里修炼定力。这是我教她的一套宁静心法。家长还把这一个案报告给了当地健康协会的秘书长，于是乎，秘书长决定在当地的心理咨询行业里办班推广经络催眠技术。

个案治疗示例——发出"救救我"呼唤的高三理科班学生

咨询者张某，女，18岁，高三理科班学生。

从一封来信中知道，咨询者原来是班上出类拔萃的学生，但进入高中后，开始对自我、对人生产生了困惑，对社会产生了强烈不满，自己曾通过看大量的课外书籍想找到答案，看了佛教和其他宗教的书籍，也看了弗洛伊德和其他心理学的有关书籍，但苦于找不到答案，心中失去了信念，对人生和前途感到渺茫，不想再读书了，学习成绩大滑坡。看到母亲为自己操心憔悴的面容，又不忍心伤害她，但自己又确实无法说服自己，眼看着高考即将临近，一方面找不到人生的方向内心越来越痛苦，另一方面怕考不上大学让母亲伤心，于是被痛苦煎熬着，觉得实在坚持不下去了，终于发出"救救我"的呼唤。我们看了信之后，立即与该学生取得联系，并决定免费对她进行心理治疗。经过心理咨询干预，进行催眠治疗。

①催眠临摹法——对青年人进行说教式治疗是没有效果的，而通过她

熟悉和敬佩的人物因势利导可以取得较好的效果。咨询者对释迦牟尼和弗洛伊德很崇敬，就给她讲这两人的故事，讲他们如何在物质的艰苦和精神的痛苦环境中坚定自己的信念，用顽强的意志和毅力实现自己的理想，完成自己圆满的一生，并给社会和全人类带来享之不尽、用之不竭的精神财富，这才是我们真正值得追求的人生，看到他们远大的理想和目标，我们只盯住自己个人的事和身边的小事就显得特别渺小。因此我们应该从这种目光短浅的境地中摆脱出来，树立远大的理想和抱负，并把全部精力投入到学习中去，打好坚实的基础，为实现自己的理想做好准备。并让咨询者买来两人的传记好好阅读，用他们的言行激励自己，克服个人情绪波动，用一种伟大的胸怀去拥抱人生。

②催眠内省法——与咨询者探讨自己思想和情绪的变化，原来很小时，根本不会去想这些问题，现在长大了，到了青春期，开始思考这些问题很正常，现在的很多想法与过去很不一样了。但思想是不会停止的，现在想不通的事情，随着知识和阅历的增加以后就能想清楚，因此不要着急，可以暂时放一放，可能以后还会有更新的看法。现在的主要任务是打好知识基础，知识面宽了，对人生的认识也会更加深刻。

③催眠想象疗法——咨询者的理想是做一名建筑师，因此让咨询者想象自己大学毕业后成了一名优秀的建筑大师，用自己的妙笔描绘出美丽的高楼大厦，看到自己的作品，会感到由衷的幸福和满足，觉得人生价值得到了充分的体现，对过去自己的多愁善感，过分关注自我的作为觉得十分幼稚可笑，庆幸自己能及时调整过来，没有被打垮，觉得自己有毅力，是值得骄傲的。通过想象疗法，激起咨询者的人生斗志，激励其继续努力，顽强拼搏，努力学习，产生强大的学习动力。

④催眠直接暗示法——"你能在这么年轻就思考这么严肃的人生问题，说明你是一个好学上进的优秀青年。但由于知识和阅历不够，有些问题想不清楚这也是很正常的，不要急，更不要对自己失去信心，人的想法是不断改变的，很多问题你以后回头再来看会觉得自己很幼稚，因此不要因为现在想不通就觉得天要塌下来了，暂时放一放，以后会想清楚的。你现在的主要任务是把学习搞好，打好扎实的知识基础，树立远大的理想，

你一定可以成为一名对社会有用的人才,实现自己的人生理想,把自己从小我中摆脱出来,投入到社会的大我之中去,最终通过自我实现完成对社会的贡献,体现人生的价值。"

七、亲子关系的困惑与疗愈

青春期生理上的迅速生长唤起了心理上独立的需求。青年人自以为成人了,要求得到成人般的尊重,可现实生活中父母还经常把它们当作孩子对待,反复地叮嘱,过多的限制,不注意场合的无理指责,第一次激起了他们对父母的不满。父母也第一次尝到了孩子投来轻蔑一瞥的酸楚。子女与父母的矛盾冲突开始成为家庭生活中的一项内容。造成这种状况的主要原因是青春期的孩子在情感上存在许多混乱,这种混乱是造成冲突的主要原因。

(一) 青春期情感混乱的主要悖论

1. 依赖与独立

一般来说,青春期热衷于自己想法的年轻人总是渴望不再受父母的控制,希望能够获得个人的自由;但他们仍然需要父母像以前一样爱他们,父母对他们的任何忽视都会使他敏锐地感觉到没人喜欢自己了。

2. 有序和混乱

处于青春期的孩子头脑中理性与非理性的冲突十分激烈,有序与混乱纠缠在一起,并且控制着孩子所有的语言和行动,但是没有一种力量能一直占据决定性地位。一方面,他们热烈地坚持不懈地就家庭和社会的政策进行争论,明显地表现出对于理性、逻辑的尊重,而这常常使他们看起来比实际的年龄成熟和明智;另一方面,他们倾向于不时地更富创造性地经历一下他们正在出现的成年时代,检验一下这个时期所带来的快乐和痛苦。这种倾向会使孩子为了树立和感受自己的个性,漠视理智、规则和责任,甚至会故意对什么是权利或逻辑公开挑衅,从而可能带来灾难性的行为和结果。

3. 成熟与幼稚

青春期的孩子从少年儿童逐渐走向成年期，决定了他们既幼稚又成熟的状况。一方面他们积极模仿成人的行为和语言，要求经济和行为的独立；另一方面，他们又有意无意地推迟他们青春期的结束时间，以便更多地从情感和经济上依赖父母和家庭。

（二）困惑的父母

由于青春期情感的混乱和冲突，同样也导致父母的困惑和不解，甚至不知所措，因为无论怎样做都得不到孩子的欢心。因此，当孩子处于青春期时，父母更应该对孩子了解多一些，以帮助孩子顺利度过危险和困惑的青春期。

①当孩子处于青春期时，你应该想到他情感上的困难会增加许多，原来很听话的孩子可能会做出很多令你担忧甚至羞愧的事情来，你要能够坦然接受，善加引导，不要滥用批评和指责，只有在真正需要的情况下，才能对孩子进行严厉的批评、惩戒或者挽救。

②无论孩子表现出怎样的独立要求，实际上，他们只有依靠父母才能保持情感上的平静、稳定和坚强。因此父母首先应该给孩子树立一个好的榜样，无论遇到什么困境和危机，都应该保持坚强和情感上的无忧无虑，让孩子有意无意地模仿这种稳定的成熟模式，让孩子学会在与人相处时更加连续、负责和均衡的感觉。其次，做父母的要尽可能保持平静和连续的态度，尤其在面临和孩子冲突的困境时，不要让谈话似的协商蜕化成激烈的争论，更不应该把个人的焦虑和挫折感发泄在孩子身上。

③在整个青春期，你和孩子应该共同努力，建立一种更加成熟和相互独立的父母和孩子的关系。青春期的孩子要想获得健康的情感和独立的人格，都有赖于父母对自己权威的逐渐放弃，这样他们才能逐渐学会管理自己的生活和活动，并为此负全面的责任，在此过程中，父母不仅不会失去孩子，相反，如果他们放松对孩子的控制，孩子就能够自己变得更加成

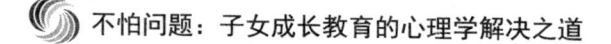

熟，而且能够和他们生活中的每一个人，包括父母，形成更有意义的关系。因此，为了孩子的将来，父母应该忍痛放弃自己的权威和保护欲望，这样会导致更好的结果。

④你的孩子从不会因为长大了就不需要你的爱、关心和尊重。因此，你要随时确保他能意识到你对他的爱、关怀和尊重，在惩戒孩子时，要注意把目标集中在孩子违规的行为上而不是孩子本身，并要让孩子知道这种惩戒本身就是爱的表现。

（三）心理咨询干预

①处于与父母冲突中的年轻人，往往对权威有反感。因此要与年轻人建立联盟关系，设身处地地理解年轻人的立场，这样，才能获得年轻人的信任，使咨询工作进行下去。

②要注重目前和现实，体会年轻人的关心和需要。年轻人关注现实的问题，不喜欢空谈大道理，需要解决现实中存在的困惑，因此适合用支持性的咨询方式帮助和鼓励年轻人走出困境。

（四）催眠方案

可选用催眠分析疗法，催眠内省疗法，催眠想象疗法，催眠直接暗示疗法，催眠临摹疗法等。

个案治疗示例——与养父母有隔阂但又压抑自己的女孩

咨询者孙某，女，18岁，高三学生。

咨询者孙某自述是养女，觉得在家缺少温暖，认为父母不了解自己；他们年龄大，又是知识分子，思想陈旧，对外界的新事物不易接受，对自己要求比较严格，并且总希望自己什么事都顺着他们的心意。由于是养父母，使自己在对他们的态度和言行上有所约束，从来不与他们争吵，有时，父母说话重了一点，伤了自己的自尊心，也只是憋在心里，不说什么，只是在晚上睡觉时一个人躲在被窝里哭。由于觉得同养父母无法沟通，所以总是把自己封闭起来，有什么想法也不跟他们说，在外面，又不愿意别人了解这些,没有地方倾诉和发泄。看见同学们整天开开心心的,觉得非常嫉恨,认为命运对自己太不公平,总是让自己受罪。导致心理极端不平衡,心情烦躁,容易发火,做什么事都不耐烦,注意力分散,记忆力下降,经常出口伤人,导致同学关系不好,自己十分苦闷,严重地影响了学习,不知怎么办好。根据咨询者的叙述,这是典型的青春期由于父母和孩子的关系矛盾产生的焦虑。经心理咨询干预后,进行催眠治疗。催眠治疗的方法如下所述。

①催眠分析疗法——着重采用年龄回归法让咨询者回顾从童年到现在的生活经历,咨询者进入催眠状态后,往事就像放电影一样历历在目。虽然自己是领养的,但养父母却像对待亲生女儿一样哺育自己、爱护自己,说到很多细节时咨询者都流出了悔恨的眼泪,明白了养父母并没有把自己当成外人看,而是当成亲生女儿一样,以前从来没有打骂过自己,只是进入青春期后,养父母怕自己学坏,思想开小差影响学习成绩,才开始对自己管教严厉起来,并且对自己寄予厚望,希望自己能考上大学,这些都是爱护的表现。

②催眠内省法——依据咨询者情绪的缓和,催眠师趁机让咨询者反省自己对养父母的态度,由于对养父母产生误解而拒绝与养父母沟通,有什么事憋在心里,无处倾诉,世上又有谁比父母更爱自己呢?如果不爱自己,又何必辛辛苦苦把自己养大呢?看到咨询者的变化,养父母一定也十分着急,但他们怕伤害她,不知如何与她沟通,这时咨询者应该主动与养父母沟通,只要与养父母坦诚地交换意见,天下又有哪个做父母的不心疼自己的孩子呢?只要是为孩子的前途和幸福,父母又有什么不能做的呢?因此,为了报答父母的养育之恩,也为了自己的幸福和未来,应该主动与父母沟通,取得他们的理解和支持,这样的话,还有什么事可以难倒自己的呢?

③催眠想象疗法——主要是解决咨询者的内向性格和与同学交往的问题。在催眠状态下让咨询者想象与同学们一起玩耍,谈笑风生的场景。咨询者可以坦诚地无拘无束地与同学们交流,探讨学习问题,也探讨人生问题。咨询者还有很亲密的好伙伴,两人形影不离,可以探讨很秘密的话题,互相支持和鼓励,有苦恼可以互相倾诉,有高兴的事可以互相分享,

在这样的环境中，咨询者每天可以像其他同学一样开开心心，快快乐乐。说明幸福和快乐可以由自己来创造，关键是自己如何去面对这一切。

④催眠临摹法——咨询者班上有一位非常优秀的女生，咨询者非常羡慕她，她不仅学习成绩优秀，对老师有礼貌，与男女同学都相处得很好，而且在家里与父母也相处融洽，咨询者曾多次去她家玩，能明显感受到这一点。因此在催眠状态下让咨询者模仿她的言行举止，她是如何对待老师，她又是如何与同学们打交道，心胸宽阔，不斤斤计较，又是如何尊敬父母，如何懂得与父母进行沟通，深得父母的喜爱。通过催眠临摹，咨询者觉得受益匪浅。

⑤催眠直接暗示法——经过前面的催眠治疗，咨询者的情绪状态明显好转，认知水平也大大提高，在此基础上，再进行直接暗示以加强效果："你已经明白了父母对自己所做的一切是为了自己好，只是方式问题让你难以接受，因此你会主动改善与父母的沟通方式，当你做到这一点时，说明你已经向成熟走近了一步，这样做后，你自己也会觉得很轻松，非常的愉快，同时你的心境会开阔许多，与同学们的交往也会很融洽，会得到同学们的喜爱，你就能更有效地投入到学习中去，集中精力搞好学习，不会分心再去胡思乱想了。你一定可以做一个父母的好女儿，老师的优秀学生和同学们喜爱的好同学。只要你愿意，你一定可以做到的。"

经过一个疗程的咨询，咨询者已经完全恢复了良好的情绪，也学会了沟通方式，自述与父母的沟通取得良好的进展，与同学的关系也有所改善。结束咨询。

个案治疗示例——一位贤良继母带来的困惑

患者，男性，21岁，在职进修学习一年之久。

患者的父亲、继母带着患者来到我的办公室，父亲诉说着患者的不是，继母很是着急无奈，不知孩子怎么了，这样好的条件怎么不想上学去，太焦虑了。患者好像不愿说话，性格有点内向，大高个头，看起来有点不自在，又不争辩。我只好让家长在外面等候，单独开始了介入。患者自诉，自己12岁的时候母亲死去，当时并没有太伤心，继母过来后，对自己照顾特别的周到，以至于在高中没毕业就当了兵，刚转业继母又给自己安排了工作，一切太顺利想都没想到。近一年来，自己总有报答继母的想法，但总觉得没有本事，继母就找门路让自己进修学习，可没想到在学校总是学不进去，曾经喜欢一位实习护士，家长不同意，就断绝了关系，从此再没有女朋友。有半年多一直失眠，继母又领着看病，有位医生说患者有点抑郁，吃了不少药没什么效果。父亲也总是说自己不珍惜生活，不争气。真觉得自己有问题，没能力，很无助。生活死气沉沉，不像男子汉，怎么办？根据患者自诉，可视为青春期父母和孩子关系问题引起的焦虑，于是对其进行了催眠治疗。

①催眠认知疗法——灌输"孝"的含义和生活的意义，帮助患者认知家的概念，父母的责任和义务，子女的责任和义务，明白、感受自我的能量和能力，确立自信心。

②催眠内省疗法——使患者感受到轻松和宁静的力量，整合这种力量进入自己的生活。

③催眠点穴疗法——排解焦虑的情绪，感受到生活、生存的美好。

④催眠自我疗法——练习掐穴、击打、运动的自我催眠状态。

一个短疗程的催眠治疗，患者话多了，和父母的交流多了，情绪也好转了，一周后自己去学校上学了。

八、神经衰弱的心理咨询与自我疗愈

（一）什么是神经衰弱

神经衰弱是一类精神容易兴奋和脑力容易疲乏，常有情绪烦恼和心理、生理症状的神经症。这些症状不能归因于躯体疾病、脑器质性病变或其他精神疾病，但病前可存在持久的情绪紧张和精神压力。

（二）病因和发病机理

神经衰弱被看作是可由躯体、心理、社会和环境等诸多因素引起的一种整体性疾病。感染、中毒、营养不良、内分泌失调等都可以成为神经衰弱的病因。过度紧张，特别是过度紧张引起的不愉快情绪；由过多的心理冲突引起的疲劳状态等也被认为是神经衰弱的主要病因。精神分析学派则认为神经衰弱起因与性本能的受挫、攻击性受抑制、与无意识依存需要做斗争、阻抑受到强化，以及未得到解决的其他婴儿期冲突等。

长期的心理冲突和精神创伤引起的负性情感体验是本病另一种较多见的原因。学习和工作不适应，家庭纠纷，婚姻、恋爱问题处理不当，以及人际关系紧张，大都在患者思想上引起矛盾和内心冲突，成为长期痛苦的根源。又如亲人突然死亡，家庭重大不幸，生活受到挫折，也会引起悲伤、痛苦等负性情感体验，导致神经衰弱的产生。此外，生活忙乱无序，作息规律和睡眠习惯的破坏，以及缺乏充分的休息，使紧张和疲劳的身心得不到恢复，也为神经衰弱的产生提供了条件。

巴甫洛夫认为，人的高级神经活动类型属于弱型和中间型的人，易患神经衰弱。这类人往往表现为：孤僻、胆怯、敏感、多疑、急躁和遇事容易紧张。但没有人格缺陷的人，在强烈而持久的精神因素作用下，同样可以发病。巴甫洛夫学派认为，本病的主要病理、生理基础是大脑皮层内抑制过程弱化。内抑制过程减弱时，神经细胞的兴奋性相对增高，对外界刺激可产生强而迅速的反应，从而使神经细胞的能量大量消耗。临床上，这类患者常表现为容易兴奋，又易于疲劳。另外，大脑皮层功能弱化，其调节和控制皮层下植物神经系统的功能也减弱，从而出现各种植物神经功能亢进的症状。

（三）主要临床表现

本病患者常同时有多种精神和躯体症状，大致可归纳为以下六类。

1. 衰弱症状

这是本病常有的基本症状。患者常感到精力不足、萎靡不振、不能用脑，或脑力迟钝，肢体无力，困倦思睡，特别是工作稍久，即感到注意力不能集中，思考困难，工作效率显著减退，即使充分休息也不足以恢复其疲劳感。很多患者诉说自己做事丢三落四，说话常常说错，记不起刚经历过的事。

2. 兴奋状态

患者在阅读书报或收看电视等活动时精神容易兴奋，不由自主的回忆和联想增多；患者对指向性思维感到吃力，而缺乏指向的思维却很活跃，控制不住；这种现象在入睡前尤其明显，使患者深感苦恼。有的患者还对声光敏感。

3. 情绪症状

主要表现为容易烦恼和容易激惹。烦恼的内容往往涉及现实中的各种矛盾，感到困难重重，无法解决。自制力减弱，遇事容易激动；或烦躁易怒，对家里的人发脾气，事后又感到后悔；或易于感伤、落泪。约25%的患者有焦虑情绪，对所患疾病产生疑虑、担心和紧张不安；如患者可因心悸、脉搏快而怀疑自己患了心脏病，或因腹胀、厌食而担心患了胃癌，或因治疗效果不佳而认为自己患的是不治之症。这种疑病心理可加重患者的焦虑和紧张情绪，形成恶性循环。另有40%的患者在病程中出现短暂的、轻度的抑郁心境，可自责，但一般没有自杀意念或企图。有的患者存在怨恨情绪，把疾病的起因归咎于他人。

4. 紧张性疼痛

常由紧张情绪引起，以紧张性头痛最常见。患者感到头重、头胀、头部紧压感，或颈部僵硬，有的则诉说腰酸背痛和四肢肌肉疼痛。

5. 睡眠障碍

最常见的首先是入睡困难、辗转难眠，以致心情烦躁，更难入睡。其次是诉述多梦、易惊醒，或感到睡眠很浅，似乎整夜都未曾入睡。还有一些患者感到睡醒后疲乏不解，仍然困倦；或感到白天思睡，上床睡觉又觉得脑子兴奋，难以成眠，表现为睡眠节律的紊乱。有的患者虽已酣然入睡，鼾声大作，但醒后坚决否认已经睡了，缺乏真实的睡眠感。这类患者为失眠而担心、苦恼，往往超过了睡眠障碍本身带来的痛苦；反映了患者的焦虑心境。

6. 其他心理、生理障碍

较常见的有头昏、眼花、耳鸣、心悸、心慌、气短、胸闷、腹胀、消化不良、尿频、多汗、阳痿、早泄、月经紊乱等。这类症状虽然缺乏特异性，也常见于焦虑症、抑郁症或躯体化障碍，但可成为本病患者求治的主诉，使神经衰弱的基本症状掩盖起来。

本病患者有显著的衰弱或持久的疲劳症状，但无躯体疾病或脑器质性病变可以解释这类症状发生的原因；加上本病常有的易兴奋又易疲劳（兴奋性衰弱）、情绪症状、紧张性疼痛和睡眠障碍这四类症状中的任何两项；对学习、家庭、工作和社交造成了不良影响；病程在 3 个月以上；排除了其他神经症和精神病的可能，便可诊断为神经衰弱。

（四）心理咨询干预

1. 集体心理咨询

以 10～20 名患者为一组，由医生向患者系统讲解有关神经衰弱的医学知识，包括病因、发病机理、临床表现、病程、诊断和治疗。让患者对本病有充分了解，从而能分析自己起病的原因，并寻找对策，消除不利因素的影响；同时有利于消除疑病心理，减轻焦虑和烦恼，打破恶性循环，详细讲解治疗方法，可使患者主动配合，充分发挥治疗的作用。

2. 小组咨询

以 5～6 名患者为一组，医生引导患者分析各自的病情，从而达到相互启发，消除疑虑，明确各自的努力方向。如果有已经治愈的患者参加，现身说法，效果更佳。

3. 个别心理咨询

在集体讲解和小组讨论的基础上，再针对个别患者的具体情况进行心理辅导，启发和帮助患者寻求解决疑难、摆脱困境的途径和方法。

（五）催眠治疗方案

可选用催眠情绪疗法，催眠分析疗法，催眠内省法，催眠行为疗法，催眠直接暗示法，催眠后暗示法，催眠经络穴位疗法，催眠休息疗法以及自我催眠法，等等。

个案治疗示例——一位害怕雷雨夜的中学女教师

患者易某，女，38岁，中学音乐教师。

患者以紧张失眠就诊，自述经常失眠，特别是雷雨夜特别害怕，不敢一个人在家，而且晚上肯定失眠，由于患病时间很长了，现在已经感到非常的身心疲惫。经询问，患者还有多种症状。患者感到精力不足，特别是工作久了，就感到注意力不集中，思考困难，经常讲错课；平时心情感到很烦躁，遇事容易激动，经常无缘无故地紧张心悸，脉搏跳动很快；经常性头痛和腰酸背痛；白天没有精神，晚上临睡前却思维特别活跃，胡思乱想，越想脑子越兴奋，难以入眠，第二天上课又无精打采，所以很痛苦，每晚临睡前就紧张焦虑，生怕当晚又失眠。去医院检查过，没有什么毛病。根据患者的症状，诊断为神经衰弱。经心理咨询干预后，进行催眠治疗。催眠治疗的过程如下所述。

①催眠休息疗法——患者由于长期的神经衰弱和失眠，导致大脑极度虚弱，因此不能急于进行治疗，应等患者状况有所恢复后再进行效果会好些。所以在前面几次催眠治疗时就采用简单的催眠休息疗法，让患者充分的休息。由于在催眠状态下的休息效果特别好，经过几次催眠休息后，患者的脸色开始红润了，身体状态得到一定恢复。这时再实行其他催眠疗法。

②催眠情绪疗法——身体状况好转后，开始调节情绪状况。在催眠状态下的音乐选择一要注意使患者焦虑紧张的情绪得到缓解，二要注意能振奋患者的精神状态，因为患者觉得整天无精打采。可以选择不同时期播放不同的音乐来达到这个效果。

③催眠分析疗法——患者惧怕雷雨夜一定有其深层次的心理创伤。通过年龄倒退法回到患者的童年，由于母亲改嫁，患者随母亲来到继父家。在一个雷雨夜，由于母亲上夜班没有回来，继父强暴了患者。当夜电闪雷鸣，雨下得特别大，患者卷曲在床角，瑟瑟发抖，看着在闪电中离去的继父惨白的背影……这个情景一直深深地印在患者的脑海中。随着年龄的增

大，患者慢慢忘却了这一创伤，后来结婚生子，一切无恙。五年前，一次患者为了准备"六一儿童节"的演出在学校和学生一起排节目，一直排到晚上，由于当天下大雨，患者丈夫来给她送伞，患者由于太忙，没太顾及丈夫，等忙完时，已经十点多钟，患者却怎么也找不到丈夫，只好一个人冒雨回家，走到半路，雨下得太大，患者只好在屋檐下躲雨，这时突然电闪雷鸣。一道惨白的闪电划破天空，照得路上的行人一个个惨白的背影，患者突然觉得一阵强烈的恐惧，全身震颤不已，一种强烈的孤独感和绝望感袭来，胸口发闷，心跳加速，有一种濒死的窒息感，幸亏这时遇到一个熟人，用单车把她带回家。但丈夫紧锁家门，不给患者开门，患者又在雷雨中站了一个多小时，好说歹说丈夫才开门。原来丈夫看到她与其他男教师说说笑笑，很生气，让她不要回家了。患者一气之下跑回娘家住了一个多月，后在丈夫的再三检讨和劝说下回来，但要求与丈夫分床睡，患者丈夫无奈答应了这一要求。但从此以后，患者的各种症状就出现了，而且越来越严重，特别是失眠和对雷雨夜的恐惧。分析到这里，患者病症的根源和触发因素都已明了，也有助于患者宣泄压抑许久的情绪。

④催眠内省法——治疗师在催眠分析时敏锐地抓到患者与丈夫感情有问题，于是要求患者反省与丈夫的感情关系。患者认为丈夫其实还是很爱自己的，丈夫学历高，是研究生，有知识分子的清高，但心胸也很狭窄，由于新婚之夜不是处女，所以对她的作风有怀疑，平时对他不放心，她走到哪就跟到哪，不准跟男性说笑，否则就生气。患者以前还有一个男朋友，是一个复员军人，两人感情很好，但遭到母亲的反对，被迫分手，嫁给现在的丈夫。由于经常怀念过去的男朋友，所以与丈夫的感情不是很投入，再加上那件事情之后，更是伤了心，分床睡后，没有性生活。治疗师引导患者反省在与丈夫感情问题上的责任：没有有效地与丈夫沟通，还怀念过去的男朋友，用性惩罚来对待生活问题，等等，都是不好的做法，既增加了患者的紧张和焦虑，也对丈夫不利，最后造成对家庭生活不利。因此应反省自己的错误做法，主动与丈夫和好。患者接受了治疗师的意见，与丈夫和好，不再分床睡了，精神也好了许多。

⑤催眠经络穴位疗法——主要解决患者以失眠问题为主的神经衰弱问

题。告诉患者中医经络穴位疗法对神经衰弱的治疗效果，导入催眠状态后，取头部经穴：百会、神庭、率谷、头维、风池等；经外奇穴：印堂、太阳、鱼腰、四神聪、安眠等；用一手指点每穴一分钟，再用双手推拿和按摩，并暗示头部发热，安神定志，睡眠良好，其他症状消失，精力充沛等。

⑥催眠行为疗法——主要解决患者对雷雨夜的恐惧。在催眠状态下用表象导控技术把患者倒入雷雨夜的情景进行系统脱敏治疗，慢慢消除患者的恐惧，并教给患者应付紧张恐惧的放松办法，经过几次治疗，患者已经大大减轻了对雷雨夜的恐惧心理。

⑦自我催眠——教会患者自我催眠法。

本病治疗三个疗程，患者恢复良好，很少失眠了，精神也振奋了很多，各种躯体不适也基本消失，结束治疗。

九、失眠症的心理治疗

（一）失眠症的定义及表象

失眠症是一些疾病的症状表现，而非独立的疾病。最常见的是在神经官能症导致的失眠，包括神经衰弱、抑郁性神经症、强迫症等。也可见于重性精神障碍、躯体性疾病等的伴随症状。失眠的表现形式为难以入睡，其原因有以下三个方面。

①有突发的心理因素，导致多思多虑。
②对睡眠的恐惧、忧虑，担心失眠以致无法入睡。
③睡眠表浅。容易受外界的刺激惊醒，呈现似睡非睡的现象。这是大脑功能削弱的表现，因素很多，主要是由于心理矛盾长期未得到解决，长期处于紧张担忧的心理状态，所以次日清晨起床有疲劳感，觉得睡眠不沉。

失眠一般有以下五种形式。

1. 间断性睡眠障碍

间断性睡眠障碍表现为睡睡醒醒，醒了以后难以入睡，也叫作间断性失眠。其原因为心里有未解决的矛盾，容易从睡眠中惊醒或从紧张的梦中

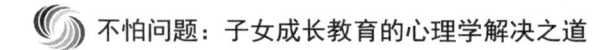

惊醒（梦惊）。

2. 多梦性失眠

多梦性失眠其特点为三度、四度的慢波睡眠减少，在潜意识中存在着被压抑的情结。人往往感觉一睡下去就做梦，甚至一夜都处于梦境之中。

3. 早醒

多见于老年人（特别是患有动脉硬化、高血压的老年人）。其表现为很快就能入睡，但早晨很早就醒来，并且再也睡不着。也可见于一些工作繁忙的人，因为有太多的工作等着处理，所以会习惯性地醒得早些。

4. 感觉性睡眠障碍

自我感觉睡眠表浅，甚至未能入睡。但从客观上观察其已睡得很深沉，并且受到干扰也不觉醒，也可出现打鼾。但他醒后觉得自己没有睡着，并且过程当中的干扰自述都能记得。起床后感觉疲乏，甚至觉得数日数夜未入睡。

5. 梦魇

睡眠中说梦话。有严重的心理矛盾被压抑在潜意识中。梦话的内容可以转移、伪装、投射的方式表现。

（二）矫治的方法

睡眠障碍各种形式的表现往往是综合性的。如难以入睡、睡眠表浅、梦惊，单纯性的睡眠形式障碍较少见。不论哪一种睡眠形式的障碍都是因为存在着各种不同的心理矛盾和心理压力，但并无可觉察的原因。可以通过心理分析尤其是催眠的方法帮助其消除这种压力和矛盾，失眠才能得到彻底康复，达到治本的目的。

失眠是一组疾病的症状表现，对失眠的治疗并不是针对症状本身，而要找出导致失眠的病因。首先要消除患者本身对睡眠过度的重视和担忧。减少这种不良睡眠障碍的自我暗示。很多失眠患者并不是真的睡不着，而是由于担心睡不着而导致了一些诸如入睡困难的睡眠障碍。

帮助患者进行自我调整：主要是进行放松训练，同时在放松的过程中采取适当的自我暗示，而不是直接暗示"我睡！我睡"，这样只会起到相反的效果。一般宜采用想象放松，给予自己愉快、舒适的暗示。如想象自己参加一个开心的派对；外出旅游，让自己沉浸在开心的心情中，以此达到放松的效果。

注意力集中训练：在放松的情况下，集中注意力去体验以往一次愉快的经历或采用倒数的方法，从100数到1，在自己心里，默默地不出声地数，而不要暗示自己"我睡了"。正数法不能达到同样集中注意力的效果，故一般不采用。

请求心理医生的帮助：在医生的帮助下，首先了解睡眠障碍的形式，分析产生失眠的因素和原因，消除导致失眠的心理障碍。消除对失眠的紧张心理，正确对待并处理失眠问题。催眠治疗是对治疗失眠相当有效的一个方法，而且没有任何副作用。

（三）催眠治疗失眠的步骤

在催眠的状态下，充分体验宁静放松的感觉。在催眠暗示中，了解睡眠的机制、快速眼动睡眠和慢速眼动睡眠的生理功能。

①采取催眠直接暗示：结合中医睡眠的经络穴位治疗法，使其能迅速入睡。在睡眠加深时给予"我睡眠感觉良好"的暗示。

②催眠分析：在催眠状态下分析失眠产生的心理因素，针对这些因素予以相应的治疗。

③消除对睡眠的恐惧和紧张：每个人都有或多或少的睡眠方面的问题，要在催眠之前和结束之后进行一些相关的指导或处理。

（四）失眠患者的自我按摩催眠法

失眠是个令人痛苦的病症，常常欲睡不能，有其心而无其意；此病常常由人的思想情绪引起，有些不顺心的事、不如意的事往往会导致长期不能入眠；如此下去，患者被折腾得憔悴体衰，越发不能自拔。

1. 方法一

失眠患者每天晚上临睡前，端坐于床前然后进行自我穴位按摩。

①揉百会穴（该穴位于头部正中最高点处）50次。

②揉肾俞至关元俞（腰部两则距中心5厘米，第二到第五腰椎之间）50次。

③按摩脐下气海、关元穴（脐下5～10厘米之间）50次。

④揉按足三里（髌骨下10厘米外一横指凹陷处）、三阴交（内踝高点上10厘米）各50次。

⑤按涌泉穴（足底前1/3处）100次。

按摩后静心除念仰卧床上，做30次细而均匀的深呼吸，专心意守丹田（上印堂、中膻中、下神厥）即可悄然入睡。

2. 方法二

催眠法具有镇静安神的作用，具体操作方法如下。

①抹前额：双手食指屈曲，以食指第二节桡侧面紧贴印堂穴（位于前额部，当两眉头间连线与前正中线之交点处）上方，由内侧向外侧抹前额36次。

②推颞部：双手拇指指腹紧按两侧鬓发处，由前向后往返用力推抹36次。

③揉风池穴：双手拇指指腹紧按风池，用力作旋转按揉1分钟，随后按揉整个枕部，以酸胀为宜（风池穴位于项部，当枕骨之下，与风府穴相平，胸锁乳突肌与斜方肌上端之间的凹陷处）。

④振双耳：双手掌心紧按两耳，然后做快速有节律地按压36次。

⑤击头顶：正坐位，两眼前视，牙齿紧咬，以一手掌心在囟门处做有节律的拍击动作9次。

⑥搓手浴面：先将双手搓热，随后掌心紧贴前额，用力向下擦至下颌，反复操作9次。

⑦点按穴位：用拇指点按安眠、太阳、神门穴（神门穴位于手腕部位，手腕关节手掌侧，尺侧腕屈肌腱的桡侧凹陷处），每穴各按1分钟。

推、揉、振、击的动作要柔中带刚，但不能用暴力。

第九章 应予重视的教育现象

你懂得当你改变不了现状的时候应该改变的是什么？
你是不是应该拥有实现梦想的不竭动力呢？

一、当今的教育现实

北京四中校长刘长铭在厦门，把"枪口"对准教育，面对台下校长、德育主任为主的观众，直言不讳地说：

没有哪个国家的校长像中国校长这样，有那么多的口号和理念，但是，绝大多数没有落地。

如果学校只是为了教知识，那么，也就没有存在的必要。好的学校教育要给孩子价值体系，但这种价值体系并非是靠课程教出来的。

不要总埋怨环境不好，社会中的人都曾是我们的学生。

刘长铭以各种奇葩现象开始自己的演讲：货车半途坏了，车上的货物被哄抢一空；日本海啸，灾区秩序井然，反倒是千里之外的中国开始一轮又一轮的碘盐疯抢；节日过后，垃圾成堆的天安门广场和三亚海滩……

学校经常会埋怨社会、埋怨环境。不要埋怨！制造这些奇葩现象的人，五年前、十年前或更久前，都曾是我们的学生，我们要想想：学校教育给了他们什么？

我们的教育有哪些问题？

虽然我们没必要往自己的身上背"十字架"，但是，我们应该有担当，这件事是我们没有做好。那么，学校教育到底哪里出错了？

（一）只炫耀"车技"忘记目标

打个比方，很多校长如同赛车手，考虑的是如何展示自己娴熟的车技，但却不知要把车开到哪里？

今天没有哪个国家的教育像中国教育这样轰轰烈烈，改革措施令人眼花缭乱，校长们总想把学校搞得今天和昨天不一样，明天和今天不一样。

如同夏丏尊在《爱的教育》序言里所形容"从外形的制度上、方法上，走马灯似的更变迎合""有人说四方形好，有人说圆形好，朝三暮四地改个不休"，但是，"池的要素水"，反而无人注意。

（二）满嘴口号却没落地

中国的教育基本上没有和国际人才市场接轨，"我们的学校缺少文化，不缺口号，口号不是文化"。

刘长铭以自己接触的众多国外学校来做比较，他说，也没有哪个国家的校长和中国校长相比，满嘴有这么多的口号和理念

谈起来都一套套的，但是，最缺少的是在现实中的落地。

（三）没有突破"放羊娃"的逻辑圈

刘长铭讲了广为人知的放羊娃的故事：问放羊娃，"放羊干吗呢？""赚钱呢！""那赚钱干吗呢？""娶婆姨呢！""娶婆姨干吗呢？""生娃咧！""生娃干吗咧？""放羊呢！"……

冷静下来想想，我们真的就比放羊娃所追求的境界高吗？我们的教育其实也陷入"放羊娃"的圈圈：读书、学奥数，上大学，找个好职业，然后买车、买房、娶媳妇，然后生子，然后孩子读书、学奥数……

（四）只把学生当成容器和机器，没把他们当成"人"

不过，我们的教育价值也在发生改变，最初，是知识本位。把它形容为"容器"，学校塞给学生尽可能多的知识。20世纪90年代，教育价值向

能力本位转移。

在老师看来，学生就是机器，要努力使他们具备各种能力，解决各种问题。

无论是容器还是机器，我们都没有把学生当成一个活生生的人，公民意识、生活、情感、交往、健康、悲悯等人的基本属性，都被忽视。

中国学校把"以人为本"的口号喊得最响，但是，中国教育却最不"以人为本"。

这样的话，是不是家长可以放弃学校教育？不时会读到这样报道，某家长在家庭私塾培养孩子，孩子也考上大学。刘长铭说，写这种报道的记者，根本不懂教育。

学校是个小社会，学生到学校是要在社会生活中，完成一个从自然人到社会人的过程。如果学校仅仅是为了传递知识，那么，在目前的网络时代，也没有存在的必要。

刘长铭认为，未来，教育的本位要从知识、能力向"价值体系"转变，这才是好的学校教育。那么，什么是教育价值体系，刘长铭以北京四中为例，认为应该包括生命教育、生活教育、职业教育和公民教育。

（五）价值体系不是课程

北京四中的这个教育价值体系并不是课程，刘长铭批评说，我们老是喜欢用纯技术的观点来解决教育——重视什么，就要开发什么课程，开发课程很容易，入脑入心难。

价值只有渗透到平时教育教学工作中，让学生在一种完全不知不觉中去接受、去完成，才是真正的教育。

他列举了北京四中学生通过高考后到农村支教获得的领悟：

一个人，只有将自己理想和服务社会相结合才是完美结合，来说明价值是如何渗透到人的心灵中去的。

（六）老师是榜样

学校希望学生成为什么样的人，也要让老师成为什么样的人，只有老师对工作充满了热情,那么,学生们未来就有职业精神。

这种影响不是靠老师说教,也不是校本教材就能解决的,人的影响是无法代替的。

有一年,北京四中一位家长给老师写了封信,说孩子到了四中后有一件事情特别令他激动,即在分班测试结束时交卷子,当孩子把卷子递给老师的时候,老师说了一声"谢谢"。孩子回家后告诉父母:上学九年从来没有任何一位老师跟他说过"谢谢"……

说"谢谢"是大事吗?但你平时说了吗?刘校长因此和在场的老师打了个"赌"。他说,从现在起,号召老师向学生说"谢谢""请坐下",以一种平等、尊重的态度对待学生。我敢打赌,只要坚持一两年,那么,无论基础多么差的学校,一定会与众不同。

刘长铭语录:

①我们一些学校在营造什么样的环境?有学校提出:提高1分,"干掉"1000人。提出这样口号的学校到底在追求什么?今天靠自己的成绩"干掉"1000人,那么将来,学生或许也会为了"干掉"别人而不择手段,不排除给人下毒把别人干掉。

②如果没有高考,没有了课程标准和考试说明,那么,老师们还会教书吗?我们有没有对应的知识体系,知道哪些知识要教到什么程度?我们经常在课堂上说:这个知识很重要?但是,真的它很重要?其实未必,是因为考试经常考。千万不要认为,考试的重点就是知识。

③在这里,我可以很负责任地说,上大学不是一辈子的事,上什么大学更不是一辈子的事,一个人日后能否成才,取决于他的胸怀和布局。

二、传统文化与当今教育

文化是民族的血脉,是人民的精神家园,如何做好中华优秀传统文化的传承,培育出实现中华民族伟大复兴中国梦的生力军,是每一位教育工作者和家长都十分关注和思考的重要课题。运城市传统文化协会公众号的一篇文章《孩子,妈妈为什么让你必须读经典?》,很有启发。

第九章　应予重视的教育现象

孩子，当你兴奋地告诉我你期末成绩又取得了进步时，我只是笑着点点头，并不像你想要的那样兴奋，我的内心深处其实是有一些不安的，因为你还没有安下心来读经典。

"妈，我为什么要读经典？我不想读，我快中考了，作业很重的。"每一次我劝你读经典，你都会一脸的不情愿。

是的，孩子。你为什么要读经典？我为什么让你必须读经典？孩子，因为你终会长大，妈妈终会老去。我无法守护你一辈子，我无法为你屏蔽掉所有的挫折、坎坷与磨难；我无法保证在你每一次想不开，纠结时都能指导你；我无法帮你躲过人生所有的暗礁……但是，经典可以给你这种能力，给你这种智慧！

"巧言令色，鲜矣仁！"让你学会识别并远离小人，"君子敏于事而慎于言""君子坦荡荡，小人长戚戚"让你学会如何做一个光明磊落的君子。"益者三友，损者三友。"让你学会正确选择，结交良师益友。"见贤思齐""不忮不求"，让你学会面对比自己优秀的人时，不是小肚鸡肠，不会只有羡慕、嫉妒、恨，"君子求诸己，小人求诸人""上不怨天，下不尤人"，遇到逆境、挫折时，让你学会不叹气、不抱怨。

"诚意，正心，齐家，治国，平天下"，让你不但学会经营家庭幸福，还有兼具天下的胸怀大气，"尧何人也，舜何人也？有为亦若是"，让你学会"君子自强不息"，让你活出自己生命的光彩和劲道！经典让你可以"立乎其大，不失其小"，可以让你养"浩然正气"，让你"正气存内，邪不可干"，让你知道人生要"务本，本立而道生"。孩子，读了经典，你的人生可以走光明大道，不至于"致远恐泥"。"自胜者强，强行者有志"，经典告诉你怎样做一个真正的强者……孩子，经典中每一句话，都可以让你人生少走一些弯路，避开一些暗礁。孩子，人生无常，妈妈不能陪你一辈子，而来自经典的智慧，它才是福佑你一生的金刚罩，才是你人生的护身符！

你为什么要读经典？孩子，当你对人生迷茫时，当你反省而不自得时，当你遭遇友情变故委屈无奈时，孩子你告诉我，你学的哪一个课本可以解决？勾股定理可以吗？牛顿定律可以吗？化学元素表可以吗？孩子，人生实苦，而真正的苦其实是心里的苦，而经典，正是圣哲先人心性光明的修行历程。"欲知山上路，需问过来人"啊！孩子，经典，是人生常理常道。读了经典，你不必吃很多堑，才长一智，你不必碰得头破血流，才悟明白一点道理；孩子你可以直接站在巨人的肩上亮亮堂堂地走你的人生。孩子，为什么你必须读经典？因为妈妈希望你的心里永远亮着一盏灯，为你指引人生的方向，驱散人生的黑暗，孩子，这盏心灯，数学给不了你，生物给不了你，地理给不了你……只有经典能给你。

孩子，妈妈希望你获得心灵的幸福和自由，这种幸福，不是你未来做多大的官，赚多大的钱，有多大的名声，而是无论你身处顺境还是逆境，你都可以"富能安，穷能立"，不被境遇所转，不受境缘所害，无入而不自得。妈妈希望你拥有"操之在我"的能力，无论晴天、阴天，你都可以心情如阳，笑声爽朗，一如春阳在怀，坦荡荡的幸福。妈妈希望你结交人生益友，希望你学会"知言，而知其人"希望你学会知人知面也知心，希望你拥有这种智慧，妈妈希望你可以既明且哲，希望你足以有智慧安身立命，而这一切，经典都可以给你，总而言之，孩子，妈妈无法给你人生全部的幸福，但希望可以给你创造并驾驭幸福的能力。妈妈无法帮你洞见人生的全部，但可以给你具有洞见人生的智慧，知微之显，知风之自，孩子，这种种智慧都在经典里，所以你一定要读经典。

孩子，你为什么一定要读经典？因为我希望你拥有一生幸福的能力。这一生，我要对得起你，对得起你叫我这一声妈，因为我爱你！

5月15日《中国教育报》用大半版篇幅，以"从传统文化启程放飞梦想"为标题，报道了大连嘉汇中学优秀传统文化进校园的探索与实践，为端正教育理念起到了一个召唤的作用。《礼记·学记》中明确指出："建国君民，教学为先。"教育为立国之本，"立国之本"的根本之处，并不是简单地教授知识，而是教之"为人之道"和"为学之方"，传统文化教育最核心的内容就是"为人之道"和"为学之方"，这是教育的根本理念和宗旨。

试问：我们当今的教育是这样吗？当今的教育在做着什么？

教育需要爱，爱需要批评，批评需要冷静、理智、技巧、艺术，否则爱就是害，后果不堪设想。学生都是孩子。孩子有孩子的心理、情感及认

第九章　应予重视的教育现象

知水平，把孩子当孩子，千万不要按照成年人的逻辑和道理要求孩子。

血的教训，生命的代价，难道就唤不起对学生的心理教育和素质教育的重视吗？悲剧演到什么时候才能终止？

也许有的人会说"中国十几亿人，这样的比例不算什么，其他国家也有自杀的"。

我说，假如是他的孩子死了，他还这么说吗？

我还想说，家长们，别"等"孩子死了才知道"痛！"

不要"一失足成千古恨"，失去后才知道拥有的可贵！

由此可见，我们的教育多么"失败"，多么"可怕"！我们的社会多么"冷漠"，多么"残酷"！为了考进大学，谋取一个"体面"的饭碗，孩子们从幼儿园开始就摩拳擦掌，唯恐输在起跑线上。

课余时间，孩子们不是在课外辅导班，就是正向课外辅导班赶路。为了金榜题名，孩子们牺牲读破万卷书的时间做破万道题。死记硬背，考试答题成了孩子们生活的唯一内容。

每天，起床最早的是学生，睡觉最晚的也是学生。为了不辜负父母的期望，孩子们把全部精力花在学习上。学习考试内容，学习考试策略，学习与考试有关的方方面面。

他们不能想自己所想，做自己想做。他们是傀儡，是奴仆。他们不敢发展自己的兴趣爱好，不能按自己的规划度过一生。

孩子放学回家，父母说的第一句话就是：老师留的什么作业？赶快做完。如果老师留的作业偏少，父母还要补充一些。至于此时此刻，孩子的心情如何，他们不关心；孩子和老师、同学关系怎样，他们不关心；学校有什么新闻，他们不关心。他们唯一关心的就是孩子的分数、考试排名。

他们没有时间陪孩子玩，甚至还不许孩子自己玩。

我们的孩子太累、太苦、太可怜。我们的教育违背规律，没有因材施教，没有以人为本。我们对学生不够尊重，不够理解，甚至把他们分作三六九等。

其实，学校没有差生，只有差异生。

糟糕的是，我们的教育，恰恰忽略学生的个体差异，用标准化考试衡量学生，扼杀学生的创造力、想象力，毁灭学生的开拓精神，让千千万万的学生走同一条路，做同一件事，成为同一类人。这样的人没有情怀，没有远见，更没有幸福。

父母忘记了生育孩子的目的。生育孩子本是为了让自己的生命更圆满，让自己的生活更丰富。只要孩子开心，父母就快乐；只要孩子高兴，父母就满足。

孩子出生前，父母只盼孩子健健康康，不傻不呆不残疾。遗憾的是，孩子一天天长大，父母的期望一天天变化。期望他们为自己争脸，期望他们实现自己不能实现的心愿，把孩子看作圆梦的工具，不断给孩子加压。

一旦孩子生病，命悬一线，父母又开始祈祷：只要孩子康复，别说地位财富，就连自己的生命他们也乐意舍弃。

殊不知，孩子有两大权利，一是犯错，二是玩耍。没有故意犯错的孩子，没有玩耍无度的孩子。因为每个孩子都渴望爱，没有人会爱上一个故意犯错、玩耍无度的孩子。孩子也不可能总是犯错，总是玩耍无度。

我们的教育脱离现实，脱离社会。教育应该把灵魂塑造放在第一位，激发学生的内驱力，告诉他们为什么活着、应该怎样活着。

所谓灵魂，即人的价值追求、自我意识、伦理意识。也就是说，我们的教育要提倡、鼓励孩子们追求什么，引导他们如何认识自我，怎样对待他人、社会、自然。"教育的目标不是把人培养成木匠，而是把木匠培养成人"。

可是，我们的教育只管"教"，不管"育"。育应该从尊重生命开始，使人性向善，使人胸襟开阔，使人正直诚信，使人懂得责任担当。

呼唤我们的教育多一点互利合作，少一点恶性竞争；多一点人文关怀，少一点急功近利；多一点自由发挥，少一点统一标准；多一点批判思维，少一点盲从意识。

但愿学生跳楼的悲剧不再重演，我们共同努力，好吗？

第十章　教育的进步在于"克服焦虑+不断学习创新"

你是否接纳了成长后，能自我帮助的孩子？
你是否已经成为孩子成长的引路人或导师？

一、芬兰教育为何屡屡全球第一

芬兰是一个高度工业化、自由化的市场经济体，人均产出超过美国、日本、法国、英国、德国等老牌强国，远高于欧盟平均水平，与其邻国瑞典相当。人口500多万，教育事业发达。实行九年一贯制免费、义务教育。各类学校4300多所，在校学生超过190万人（包括成人教育及各类业余学校的在校生）。全国有图书馆840家，人均借阅量和人均出版量均居世界前列。人们幸福指数在全球也是名列前茅的。这足以说明芬兰教育已经步入世界教育强国之列。然而，芬兰人还是存有一种危机感，总担心自己会与未来脱节，时刻在反省"我们的教育是否能跟得上时代"。

因此，芬兰国家治理中有一个重要导向——让所有国民接受尽可能好的教育。20世纪60年代，芬兰开始实行"从幼儿园到大学"全免费义务教育。每一次遭遇危机，这个国家都把改善教育、提升国民素质当成出路。在芬兰人的意识里，他们没有地缘优势，没有资源优势，最可靠的财富就是自己的国民。

在芬兰，教师是高度受尊重的职业，最优秀的学生才能考进大学教育系。教师也拥有高度自主权，在广义的教学大纲之下，可以自由决定上课的方式和内容。在大赫尔辛基市区的一所完全学校，笔者见到了芬兰式

"现象学习法"的实例。

二年级的语文课上，要学的是芬兰语，但是老师没有讲课，而是把孩子们分成小组，下发芬兰特有的小动物图片，然后让他们用课堂配备的平板电脑查找动物资料，有不认识的字自己查，或者问老师，最后把小动物的特点归纳总结写下来，再以小组为单位向全班展示。语文的读写以及表达能力，在这个过程中都得到了锻炼。

在四年级的科学课上，科学老师用一间小教室打造了一个核泄漏事故现场，需要孩子们自己用乐高积木拼搭机器人，再跟老师学习简单编程，用电脑程序驱动机器人进入事故区域工作。这个过程中孩子们还会学到简单的核电站工作原理、核辐射的危害及预防。这就是芬兰的"现象学习法"。芬兰的"现象学习法"还有一个特色，就是让孩子们"以整个社会为课堂"，走入实际生活去学习。比如老师想给孩子们讲清洁能源，或者垃圾处理，就可以跟这样的公司、工厂联系，带孩子们去实地参观。到了中学或大学，学生可以申请进入公司，跟真正的工程师一起做项目。几乎所有的芬兰公司都乐意承接这样的教育活动。每一个芬兰人小时候从这样的教育中受益，长大后又都回馈于这个系统。

多么有意思的"现象学习法"，能不培养出优秀的人才吗？如果是这样的学习氛围也不至于产生所谓的"厌学"现象，更不会出现学生不愿学、老师逼着学甚至体罚的情况！

（一）面向无法预料的未来

在经济合作发展组织（OECD）发起的国际学生评估项目（PISA）中，芬兰一直名列前茅，最新一次测评更是高居世界第一。当全世界都开始瞩目芬兰教育时，芬兰人自己却丝毫没有自满，教育界的有识之士呼吁："我们为成绩沾沾自喜的那天，就是我们落后的开始。"世界第一，意味着他们已经没有多少可以学习和效仿的对象，前路如何，更多需要独自探索。

尤其是前些年，这个国家最有名的企业诺基亚，因为没有适应潮流而一夕倒下，给芬兰人敲响了警钟。芬兰的教育专家时常把诺基亚的案例挂在嘴边,他们说,将来,孩子们要生活在一个现在无人能预料的世界,从事一些从来没有听说过的职业,好的教育必须要赋予他们面向未来的能力。于是,芬兰教育界提出了"面向21世纪的核心能力"这个概念,并围绕这个概念设计当下的芬兰教育改革。

在芬兰,面向未来的核心能力包括自我照顾及日常生活管理、多语言认读能力、信息技术能力、生活技能及企业家精神等。

其中,自我照顾及日常生活管理,可能会被许多教育工作者疏忽,认为与学习本身无关,但实际上,这关系到一个孩子能不能作为一个独立的人很好地生活在这个社会上。在芬兰教育中,孩子从一开始就被当作独立的人在培养。芬兰的法律允许孩子从小学一年级开始独立上下学,作业也不需要家长辅导完成,老师从一开始就会想办法让孩子为自己的学习负责,这是教育的重要内容。

在多语言认读方面,芬兰的孩子在小学和初中,一般会学习两门外语,高中开始第三门外语。芬兰人知道,因为国家面积小、人口少,要发展就必须跟其他国家打交道,就必须掌握对方的语言,了解对方的文化。他们也认为,在未来越来越全球化的时代,这样的能力不可或缺。

信息技术能力,体现在芬兰小学广泛开展的计算机编程、机器人制作等课程上。未来社会是一个信息化的社会,芬兰甚至鼓励孩子从幼儿园开始接触这些技术,使他们在未来的社会中占有先机。

至于生活技能和企业家精神,是指在拥有技能的同时,又有像企业家那样的冒险精神和勇于负责的精神。中小企业占据芬兰经济的大半江山,也是芬兰经济中最具创新力的部分,支撑起这种经济发展模式的,正是一个个从小被按照独立个体塑造的、有梦想又有能力的芬兰人。

(二) 实现"教育超级大国"梦

美国教师每年平均教学时间高达1131个小时,而芬兰教师仅为600多个小时。相对而言,芬兰教师的工资更高,工作时间却更少。

为了实现真正的教育公平,芬兰尽力做到所有的学校都是水准一致的高品质:学校不排名、好老师分散全国、教学质量城乡差距小。

中国的教育资源和师资力量一个劲儿地向县城和城市倾斜。重点学校，重点班，比比皆是。临近名校的学区房的价位更是高得离谱。

芬兰老师从不布置课后作业，教师致力于在课堂上让学生们理解消化课堂知识，课后的主题就是一个玩。在玩耍中探索和学习。

中国教师最善于搞题海战术，学生完成作业，一般都要做到夜里十点到十一点。家长心疼孩子，只能偷偷帮孩子写作业。

芬兰众多的公立图书馆，除了都有现代化的设备、丰实的藏书，其中儿童区，更是宽广、丰富、完善，而且童趣十足，不仅有各种儿童书籍期刊，而且还有各种语言的童书、音乐、DVD、舒适的沙发、随处可见的可爱玩偶、娃娃及装饰，营造出一种亲子阅读的自由氛围。流动图书馆更是芬兰的一大特色。

中国的图书馆不少，但是适宜孩子们学习的专业图书馆却少得可怜。

他们不仅支持孩子去玩，还会主动带着孩子去玩。在芬兰，每节课后都会有漫长的课外时间，教师会带着孩子冲向户外玩耍。芬兰学生的假期很长（两个半月，以前是三个月），这样孩子就可以随心所欲地在大自然中玩耍。快乐是孩子们的天性，一个人处在快乐的环境中，才能点燃学习的兴趣，才能激活创造的动力。中国孩子紧张严肃有余，快乐开心不足。

芬兰学生上课时间最少、写作业时间最少，学的东西却一点也不少

芬兰学生们要学的东西很多，比如游泳、花式溜冰、曲棍球、绘画、艺术、乐器、音乐、体育和阅读等。是不是很奇怪？明明芬兰学生上课时间最少、写作业时间最少，学的东西却一点也不少。

这是因为，芬兰老师每天会花4个小时研究如何让课堂教学更有成效。因此，学生们大多能够很快掌握需要学会的知识。

中国学生主业是学习书本知识，并被称为主课，主课以外的东西都会被忽略或者不予重视。

芬兰学生优秀的一个很大因素是：玩才是最大的竞争力。

7岁以前却不学任何数学、阅读和写作，光让孩子去玩。那7岁之前，他们做了什么呢？

日托中心会教他们一些社交习惯。比如，学会交朋友，学会尊重他人，自己穿衣服。芬兰官方也一直强调的是学前教育的"学习的乐趣"，语言的丰富性以及沟通能力。每天90分钟的户外活动必不可少。

中国的幼儿园除了教孩子们玩耍，还要为升学做准备，幼儿园就有了快慢班。书包在幼小的肩膀上就有重量了。

少年强则国强。一个国家的教育可以决定一个国家的兴衰。

教育的本质是什么？不就是如何"教好"知识，"学好"技能，"育好"人才吗？静心想一想，我们这个时代忙忙碌碌，这么追赶，那么效仿，结果怎么样呢？

这个世界上的天才与精英毕竟是少数，只有一个国家所有的儿童都健康向上发展、学会终身受益的社会与生活技能，才是一个国家应有的正确教育态度，才是提升一个国家竞争力最积极有效的方式。

人生不是一场需要赢在起跑线上的百米冲刺，而是一场与自己赛跑的马拉松。学习，不是为了争第一，而是为了培养享用终生的学习能力与习惯。

这才是支撑我们毕生的最大信念与价值观吧！在此可以这样说，我们的教育出了问题，该继承的没继承，不该学的也都学到了。这也就是过多的宽泛知识带来的课业负担越来越重，减负形成虚设，其实质影响了教育的健康发展。

二、王阳明家训：教育孩子，只在这三件事

王阳明是我国明代著名的思想家、文学家、哲学家和军事家，陆王心学之集大成者，精通儒家、道家、佛家。王阳明认为人生就是修行，修行的宗旨就是"知行合一"，也就是客体顺应主体，知是指良知，行是指人的实践，知与行的合一，既不是以知来吞并行，认为知便是行，也不是以行来吞并知，认为行便是知。梁启超曾有过这样的评价："知行合一之教，便是明代第一位大师王阳明先生给我学术史上留下最有名而且最有价值的一个口号。"

说到教育，我们很容易想起学校、想起老师。其实不然，从孩子降生之后，他们就已经开始了学习。而父母，才是他们的第一任老师。

一个孩子的未来在哪里？在家庭教育里。

父母才是孩子教育中最重要的人。

（一）做个好人，比什么都重要

古语云："道德传家，十代以上，耕读传家次之，诗书传家又次之，富贵传家，不过三代。"

保持良好的品德，才是家庭兴旺延续的根本。

王阳明曾经被刘瑾追杀，在龙场被乡民攻击，历经人心险恶，但他依然愿意相信善良。他以德报怨，帮助乡民建房、读书、耕种。

王阳明给孩子的信里说："凡做人，在心地。"做一个好人，比什么都重要。

善良的人干净温暖，他们往往有更好的人缘，更多的朋友。

善良的人有底线，他们不会去做危害别人的事，也自然不会招致祸患。

善良的人内心有光，他们心中有一份谁也夺不走的温暖。

（二）勤读书，是最低门槛的高贵

古人说：诗书继世长。

王阳明家训的第一条就是：勤读书。读书是人们获取知识的主要途径，过去是，今天也是。

王阳明读书一生勤奋，在小时候，每天都要读书到半夜。以至于曾经累得吐血。父亲王华担心他的身体，每天都要去敲门，强迫他熄灯睡觉。

当然，尽信书则不如书。

书，要读，但是不能读死，要教给孩子吸取其中的精神。

王阳明读的兵书很多，但是他认为这些兵书虽然讲得方法很多，但是只教给他一点："不动心"。

其次是要读经典。

世上的书汗牛充栋，要是都读的话，一辈子也读不完，所以只读经典就好，其他的书虽然说法各异，但充其量都是经典的注脚而已。

一个人只要养成了终生读书的习惯，也就相当于把人类历史上的智慧化为己用。

会读书的孩子，有知识、有眼界、有格局，只要他守好内心的善良，家长又有什么好担心的呢？

（三）知行合一，勇于实践

善良，不是一个形容词，而是一个动词。

我们说一个人善良，定然是他做了善事。光说不练是假把式。读书亦然。

纸上得来终觉浅，绝知此事要躬行。很多事情，都要落在实际行动上才能作数。从小要教给孩子动手的能力，实践的习惯。

王阳明一生成就颇多，诗词绘画、书法兵法、教育军事，几乎无一不精。这得益于他知行合一的实践智慧。

生活中遇到问题，不妨先让孩子动手做一下。

三思而后行，不如小步前进，大胆试错。在行动中不断调整自己的认识，再由新的认识出发，改变自己的策略。

饭要一口一口吃，路要一步一步走，欲速则不达。

熟能生巧，不断坚持，这样的孩子，才能拥有一个完满的人生

三、中国最需要教育的不是孩子，而是孩子他爸！

王琨老师的这篇文章发人深省，文章是这样写的：教育孩子，仅有爱，不够！只有懂得孩子的成长规律才有好未来。

中国最需要教育的，不是孩子，而是父亲！中国的父母普遍坚持随意而轻松的心态：只要有结婚证，就可以生孩子；只要有能力生孩子，就有能力教育孩子。

部分父母甚至认为：任何成人都可以教育孩子，祖父母可以教育孩

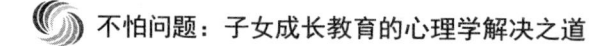

子，保姆也可以教育孩子。许多中国父母往往直到自己的孩子在学校成为"问题学生"，才开始为孩子的教育问题感到惊恐。

（一）生了孩子，你就不能"退货"

教育孩子是人类最重要而又最困难的学问。父母是孩子的第一任老师，是孩子永不退休的班主任，有对孩子一生负责的责任。

无论父母事业上多么成功，也弥补不了教育孩子失败带来的后果和缺憾。

把天才培养成庸才，是对家庭、家族，甚至社会的犯罪。

把孩子教育成功是家庭最重要的成功，也是你一生最重要的成功。

（二）别错过孩子的发展关键期

发展的关键期：是指人类的某种行为、技能和知识的掌握，在某个时期发展最快，最容易受影响。

以下是 0~15 岁各阶段孩子的成长的关键点：

① 6 个月：学习咀嚼关键期。

② 2.5~6 岁：秩序规范关键期。儿童行为习惯形成的关键期，这一时期形成的性格、行为、习惯往往到长大也不会改变。"三岁看大，七岁看老。"

③ 3~6 岁：语言发展关键期。

④ 2~8 岁：想象力发展关键期。

⑤ 6~10 岁：文化敏感期。这个时期的许多孩子，非常好奇，爱动脑筋，问题特别多。应该满足孩子的求知欲望。

⑥ 8~14 岁：黄金阅读期。如果错过了这一时期的科学阅读指导和大量阅读，将会给孩子的成长造成难以弥补的缺憾。

⑦ 12~15 岁：独立关键期。这一时段抓不好，孩子将永远长不大。

重新认识母性之爱和父性之爱。

母性之爱：德行礼仪、品格气质。母亲在孩子的婴幼、少儿阶段影响巨大。

父性之爱：方向性引领和理性作为。伟大的父亲，一定是孩子的引路人、思想的奠基人。

规律：孩子成长需要的母性之爱呈递减趋势，父性之爱呈递增趋势。

中小学衔接阶段是孩子成长浪漫阶段的结束和精确阶段的开始；是由母爱为主向父爱为主的过渡期。这一时期，母性之爱应该适当减少，父性之爱应该适当增加。

（三）给父亲的建议

父母是孩子的最好的"范本"，身教重于言教。

教育孩子的前提是了解孩子。把孩子当"大人"，了解孩子的成长规律。

一定要记住：下班的路应该是回家的路。与父母一起吃饭的孩子更优秀。

父母好好学习，孩子天天向上。孩子的问题大多是父母教育不当造成的，好父母就是一所好学校。

做父母的，一定要理解孩子，找到与孩子沟通的语言密码，但要注意惜"言"如金。

成熟的父母，应该学习儿童教育学、心理学，了解孩子不同成长阶段的特点和规律，经常与孩子沟通，明白孩子在想什么，在做什么。

一定要管孩子，关键是怎么管。"一只手""一只眼""一根筋"，这样的教育均不可取。

换一种思路教育孩子，努力丰富自己的教育方法。

做一个懂爱、会爱的家长。不少父母爱得糊涂、爱得错位，有时又爱得"过分"。

不能当众教育孩子。即使孩子做了最糟糕的事情，你要教育他也应该把孩子带回家，当众责骂、殴打，往往会让后果变得非常严重。

教育最重要的是要尊重人的人格尊严，要保护孩子的心灵，做不到这一点，就没有真正的教育可言。

不要完全把孩子交给长辈或保姆。对孩子来说，他极度地渴望爱，又极度地渴求安全感。

在孩子面前多夸老师。家长和老师是同一战壕的战友，一定要与老师结成同盟军。如果家长在孩子面前总是絮絮叨叨诉说老师的"不是"，批评老师，甚至与老师争吵，只会增加孩子对老师的排斥心理。久而久之，受害的是孩子，吃亏的是家长。

四、毁掉你女儿的七种教育方式

花生教育在网上发表的一篇文章，值得学习！

有一天，你想让你的女儿、侄女、干女儿或死党家的小女孩快快长大，成为一名女消防员、作家、奥林匹克拳击比赛金牌得主、警官、名厨、校长……或去做任何她渴望做的事。

你还希望她与做同样工作的男同事拿到同样多的薪水。

尽管最近同工同酬问题屡屡见诸新闻，研究尚未指出为什么工作中女性不能和男性拿一样多的薪水。有人说，是因为我们沟通不充分。有人说我们确实就此问题沟通过，但被拒了或者被视为太有野心。另外一些人认为是因为我们倾向于承担所有的家庭责任。可能所有这一切都是正确的。

但可能，仅仅是可能，也与我们从小就被潜移默化灌输现在已经根深蒂固的观念有关。

证据表明家长言行影响深远。

事实上，一项新研究表明，让孩子们相信他们不擅长某事竟是如此容易。简言之，这项研究试图证明孩子们很容易接受所听到的关于他们性别的评论，进而在现实的表现中受到影响。例如，告诉一个男孩他应该擅长数学因为他是男孩子，这能鼓励他放弃只是试试看的念头，而跟一个女孩说女孩子都不擅长数学可能真会使她相信自己也的确如此，并导致她的数学成绩更糟糕。

正如所料，研究中的两个实验表明，当告诉一组4~7岁的孩子们，另一组（如"男孩擅长这个游戏"）在同样的任务中的成绩出色，这会严重影响他们的表现。

第十章　教育的进步在于"克服焦虑＋不断学习创新"

如何处理性别问题？抚养女孩并充分发挥其潜能时，什么是"对"什么是"错"？关于这些还有很多需要学习……

一条陡峭的学习曲线。

孩子从 30 个月大开始理解性别角色，并在幼儿园里就开始形成各种社会偏见——包括基于性别的偏见。这种"我们和她们决然对立"的心态在 5~7 岁时发展到顶峰，随后又慢慢减弱。

作为家长，我们从未告诉过女儿存在"专门由女孩从事"的工作，或者实现幸福和自我价值的关键是婚姻（当然，当我们不在身边时，她们可能看到这样的信息，这一点我们无能为力）。但我们的女儿，或我们生活中的其他小女孩，可能会通过其他途径从我们这儿学到人生课程，导致她们回避"有挑战性"的学科如三角学和工程学，并在大学毕业后接受第一份低薪工作或不到 30 岁就感到在工作上力不从心。

阿尼·伯格（Anea Bogue），拥有文学硕士学位，是一位广受赞誉的自尊意识专家、教育家，有资质的生活教练，并创办了 ReaLgirl 授权的研习会。我们请她来分享几个可能阻碍你女儿充分发挥潜能的教育方法，你可能对此还全然不知。

（一）教导她有礼貌且要保持安静

举止端庄得体和沉默寡言之间是有天壤之别的，但看起来女孩们经常被推进后者的范围之内。

"女孩是蜜糖、是香料、是一切美好的东西。"这句格言是用来引导我们抚养我们称之为可心儿的女孩子的。伯格说。"我们以各种办法对女孩灌输：为人友善，避免冲突，不要烦扰他人，以及要安于现状，都是成为一个讨喜可心的好女孩/好女人所必需的。"

对她未来的影响：显而易见，这种心态可能导致女性不去力争更高的薪水，因为她们不想开罪一位潜在的雇主，或者导致她们读书时不在课堂上大声发言，工作后也在会议中默不作声，以免被视为不够淑女。

如何避免：尽管我们都想让孩子彬彬有礼，不要忘记教给女儿辩论、持有不同意见和交涉都是没有问题的，尤其在同辈中——当然态度要恭

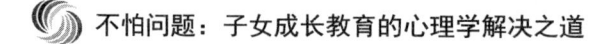

敬。鼓励她从幼儿园到大学都要在班级中大声发言,陈述她的观点,然后准备好捍卫自己的观点。

（二）给她买带有鲜明性别色彩的玩具

在生命中的头三年只递给她粉红色的玩具,你的孩子可能会认为粉红色就是她最喜欢的颜色,因为"那是女孩子所喜欢的"。事实上,研究者认为,导致孩子们更喜欢有性别色彩的玩具的真正原因是父母和其他社会因素,而非先天的基因倾向。

对她未来的影响：这很重要,因为2009年的一份调查发现31%的"女孩"玩具都是关于仪表妆容,包括塑料化妆品玩具和娃娃的服装。同时针对男孩的玩具则鼓励发明、探索、竞争、灵活性,以及解决问题的能力——这是可取的员工和能干的领导者所必备的。

如何避免：在商店中努力避免只在有芭比娃娃和玩偶的那条通道逗留,而是向孩子提供鼓励科学发现、竞争、探索和解题的游戏和玩具。这些都是不错的选择。

（三）对她的夸赞只有漂亮

不错,她是可爱的洋娃娃,卷卷的马尾辫令她看上去如此可爱,让你忍不住惊呼。但是她写起诗来也的确出色,还是位建筑奇才——能搭起复杂的枕头堡垒,更喜欢唱甲壳虫乐队的歌曲,还能一边唱歌一边模仿弹吉他。

对她未来的影响："我们所处的社会非常外貌协会,除非把你的女儿完全隔绝在各种媒体和学校互动之外,她总会明白仪表是很重要的。"伯格说。"然而,父母双方可以共同努力对她不基于外表的成绩（学业、体育、音乐等）予以奖励、进行认可并表现出由衷的赞赏,这样就能明白无误地传递信息——她的价值不是因外表而起也不会因外表而终。"

如何避免：伯格建议你"挑战一下自己,每赞扬一次女儿的外表,同时至少再赞扬两个她所取得的不基于外表的成绩。"

第十章 教育的进步在于"克服焦虑+不断学习创新"

（四）把她培养成"公主教"教徒

现实生活中的公主们大多多才多艺，有真才实学。她们能说几国外语，具有卓越的外交技巧，并且我们知道至少有一位公主是毕业于著名的英国大学。但是你的宝贝女儿不知道这些。她所知道的是，要想永远幸福地生活下去，关键是有一副足够美妙的歌喉以吸引一位王子将她从一堆麻烦中解救出来。

对她未来的影响："公主文化鼓励女孩做落难少女，只需楚楚地等待一位白马王子从天而降，拯救她并为她及她的人生带来价值。"伯格表示。"除非我们打算开始鼓励公主战士的心态和行为（积极、英勇、把握自己的命运），否则我们将一直让女孩们有这样的感受——如若不依附于男性，她们自身是无足轻重没有价值的。"

如何避免：对你的女儿完全屏蔽公主文化几乎不可能办到，只要能向她传递正确的信息即可，也真的大可不必。对她来说"你能做什么"，你只要重新定义"作为一位公主是什么意思"。带她去看电影《勇敢传说》（*Brave*）吧，它讲述了一位公主打破魔咒拯救她的国家和自己的故事——没有求助于男人。或者带她重温《魔发奇缘》（*Tangled*），其中的公主不想要也不需要王子的帮助，当她的美丽金发被剪掉时也无怨无悔。如果你的女儿已经爱上了传统的公主故事，一定要向她指出女主角自己所做的所有了不起的事情（看看贝拉多么热爱阅读。艾莉尔无疑是一名游泳健将……）。

（五）家里所有体力活都是爸爸做

让家里的男人打开泡菜罐或修理吱吱作响的地板可能更容易，但我敢保证，如果你用心，你也能做这些事情。

对她未来的影响："父母有意识地挑战典型的性别分工，这很重要，"伯格说，"尤其是那些总是说女人比男人娇弱，女人是照看者而非干活人、修理工和养家糊口的人。"

如何避免：向女儿展示你进行重要的理财操作——每位妈妈都应该做

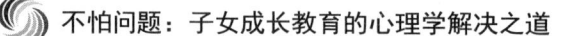

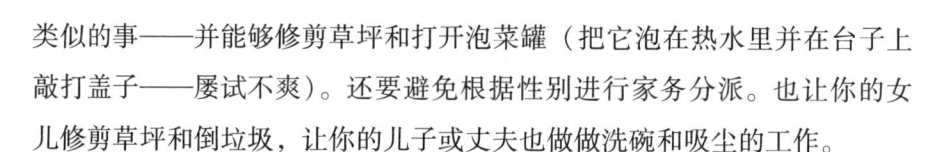

类似的事——并能够修剪草坪和打开泡菜罐（把它泡在热水里并在台子上敲打盖子——屡试不爽）。还要避免根据性别进行家务分派。也让你的女儿修剪草坪和倒垃圾，让你的儿子或丈夫也做做洗碗和吸尘的工作。

（六）只让她跟其他女孩玩

这个问题不仅限于把女儿送进女子学校，仍然值得一提的是，针对女子学校的研究指出在对女孩的教育方面女子学校有利有弊。一项研究显示女子学校毕业的学生 SAT 考分更高并更有自信，也更投入学业。但是去年秋天发布的另一份报告颇具颠覆性，报告发现女子学校毕业的学生不仅没表现得更有造诣，还更可能相信对于性别的刻板印象。

对她未来的影响：问题不仅仅是你的女儿是否读女子学校，还会延伸到她的校外生活。研究实际显示，不仅是学龄前儿童倾向于和异性划清界限，各玩各的，这种分隔还会导致男孩女孩形成两套不同的社会技巧、处事风格、期许和偏好——无一能够帮助她某天跻身董事会。

如何避免：如果你的女儿在学校时，身边围绕着一堆女孩，一个男孩也看不到，试着鼓励她在校外与几个男孩建立友谊，可以是邻居家的小孩或你朋友的小孩。对于小女孩来说，安排其与异性小朋友玩尤其重要，邀请男孩子来参加你女儿的生日派对或远足活动，让你的女儿自由自在地在附近篮球场玩耍或参加一个有男有女的运动队。她将学到，男孩做的一切她也能做到……甚至她能做得比男孩还要多。

（七）批评自己身材或其他女性身材

健康饮食对每一位母亲及她的女儿来说都是必需的（这就是为什么我们为你准备了健康食谱！），但是你不该做得太过，发展成对身材的批评。

对她未来的影响：通过在女儿面前讨论节食，你如何需要再减掉几磅或鉴于其他女性的身形而批评她们的服装选择，你传达了这样的信息：女性必须保持一定的身材才会被认为可爱和成功。

如何避免："很关键的一点是我们想要女儿怎样，自己就先要以身作则。"伯格说。健康饮食应该是这样的：根据食材的营养价值和我们所需的能量选择平衡的膳食。不要购买低脂食品或加工食品，不要省掉任何一餐，这些都是不健康也不成功的减肥方法，还断送了你的健康。

中国是一个具有5000年灿烂文明的国家，中华民族在历经磨难和大自然面前，遵从客观规律，总结出了为人类文明发展开创太平盛世的中华传统文化，中华传统文化至今都有着无限的魅力和力量。

中华传统文化是世界文化财富的重要组成部分，关键是我们怎么样去把握它，赋予新的时代内涵和精神，去很好地理解和运用。格物、致知、诚意、正心、修身、齐家、治国、平天下。

可以预见，传统文化进课堂已经不仅是召唤而是实实在在的践行。

五、李玫瑾教授的"育儿经"

花生教育网站播发了这样一篇文章，题目是《李玫瑾：孩子要有不伤人的教养，但也有不被伤害的气场》。

一位宝妈留言问："如果我的孩子被打了，我该怎么做？"很多人可能会说："忍忍就过去了，千万别还手！"当妈后，每次看到校园霸凌、孩子被打的新闻，都会一阵心痛。可是一味地忍让，会换来"施暴者"的心疼、理解和退让吗？会解决问题吗？不会的，一味无底线的忍让，只会纵容"施暴者"变本加厉，觉得你更好欺负。

61岁的中国公安大学犯罪心理学教授李玫瑾告诉家长："孩子要有不伤人的教养，但也有不被伤害的气场。"

李玫瑾教授参加中央电视台《开讲啦》节目时，有观众提问说："如果你的孩子，有一天跑过来跟你说'我同学欺负我，他们打我'；你会不会跟他说'打回去孩子，我支持你'呢？"

李教授坚定地回答："打回去，我支持！"

李教授解释说："我们现在所接受的教育，更多的是遇到问题先让孩子自我反省，这反而纵容了一些不良行为，最终导致校园暴力事件不断发生。"

"打回去，我支持你"不是在纵容暴力，而是在用另外一种方式减少暴力事件的发生。

最重要的是家长和老师对孩子的教育和引导。

李教授举了自己小孙女的一个例子：小孙女刚去幼儿园一个月，就被一个小男孩抱起来扔到地上，磕到了凳子上，额头也磕得肿了起来。

李教授就告诉小孙女，如果下次再遇到这种情况，挣脱不掉，就揪住他的两只耳朵往两边拽，一拽他一疼就会放下你。

李教授给父母提了两个建议：

第一，自己的孩子不要欺负别人，这是家教问题，一定要让孩子知道，什么事情不能做，越有力量越不能欺负比你弱的。

第二，自己的孩子不要被别人欺负，可以让孩子从小进行体育锻炼，有运动就有爆发力，就不容易被别人欺负。

同时，也提醒各位家长，教孩子"打回去"是一种解决之道；但也要分情况而定，更不能报复性伤害别人。

李玫瑾教授长期从事犯罪心理和青少年心理问题研究，曾对多起个案进行详细调查。

在这里分享给大家李玫瑾教授关于常见育儿问题的科学建议。

（一）再苦再难也一定要亲自带孩子

李玫瑾教授说，孩子出生之后，再苦再累也一定要自己抚养。孩子一岁半之前一定要自己带，否则你就丧失了对他心理上的"控制力"。比如说，孩子从一出生就是奶奶带，等到他上学的时候接回来；那么这个孩子只要心里难过，他一定第一个想到的就是奶奶。如果妈妈和奶奶发生冲突，那么这个孩子会从心底里恨他妈。为什么孩子一岁半之前的抚养，至关重要呢？

我们都知道，孩子刚出生的时候，除了可以哭闹、吃奶和睡觉，一不能抬头，二不能翻身；所以他至少有七八个月，吃喝拉撒完全是依赖另外的人照顾，也就是抚养人。

也就是说，只要抚养人一出现，孩子就能吃了、能翻身了、他下身就舒服了，这意味着什么呢？孩子所有需要的满足，和由此带来的快乐，都和这个抚养人的出现息息相关。

日复一日，因为孩子从快乐体验，到他快乐过程当中的注视，以及他耳边听到的抚养人的声音；那么，到半岁之后，孩子最开始出现的一个心理现象，就叫认人。

认人呢，我们都知道，孩子谁养的，孩子出生后 6 个月到 12 个月之间，就开始挑人了。这种认人的现象，我们叫情感，这个情感的出现，真的非常重要，有时候我们也叫依恋。

依恋就是指孩子早期对某人的一种认准了以后接近他，与该人分离紧张不安，重逢时候的高兴轻松。

如果早年这个孩子，他所有的快乐和母亲的声音，和母亲的相貌结合在一起；那么这个孩子往后，他不管怎样调皮，他心里还会有一个空间，留给他的母亲。也就是说父母想要对孩子有真正的"控制力"，尤其是母亲，那靠什么控制呢？不是靠吓唬、恐吓、训斥，真正能让孩子听你的，是你对他早年的抚养。

（二）孩子 6 岁之前一定要说"不"

6 岁之前性格养成，如果有些问题没解决，后边家长就管不了了。第一个，就是克制任性，6 岁之前说"不"，非常重要。比如说，一个三四岁的孩子和家长闹，爸爸、妈妈应该说，今天这事儿不行就是不行。这孩子闹吧，他能怎么闹？大不了在地下打滚。但是等到他十三四岁了，家长突然跟他说，"你都这么大了，你得听话了，好好学习，我不给你钱了，你不能去网吧玩了。"孩子还会和家长闹，但他有好几种途径了——离家出走，跳楼或者其他极端行为。

这么大点的孩子，他怎么会想到"死"呢？

因为在他的眼里，家长的爱是没有限制的，他已经学会了用家长的"爱"来威胁家长，只是他不知道死的含义。所以，6 岁之前说"不"，是给孩子一个最早的训练。

我们知道，孩子 2 岁之前，还不太会说话，觉得难受了、痛苦了都是靠哭来表达。但 3~5 岁开始，孩子的哭声就有目的性了：我要这个东西，你不给我，我就哭。这个目的性一开始出现，家长就要抓住孩子的一件事对他进行训练，什么事呢？就是他提这要求不合理，他要的这东西不能给他。比如他要买小汽车，家里买了无数了他还要买。在商店开始闹起来，说我就要这个小汽车。家长说你家里那个跟这个差不多，不买了吧，孩子就开始哭闹，说不行，我就要，我不走。

遇到这种情况，就一定要对孩子做一个"克制任性"的训练。

第一步：

直接抱回家；当场不要打也不要骂，任孩子哭不要管。

第二步：

回家后抱到卧室里，一对一，不管谁来管，一个人管就够了，把门一关，其他人不要来劝来干涉。

第三步：

记住四个"不要"：

不要骂孩子，言传身教很重要，要给孩子树立好的榜样；

不要打孩子，大人打小孩，这不公平；

不要说教，孩子哭闹时，你说什么对他都是噪声，你越说他越闹；

不要走开，他就是闹给你看的，所以你一定要看着他闹。

所以，家长就把门一关，往孩子跟前一坐，表明姿态："今天这事说不行就是不行，你哭吧，你闹吧。"

孩子当然会接着哭啊闹啊——

这时候就算孩子脑袋磕到床角上，你都不要管，他知道疼，肯定不会再磕了。等孩子哭到筋疲力尽的时候，你给点爱，拿热水给擦把脸，因为孩子哭到那种程度，也很难受了，给他擦一把。擦完以后孩子会想，你是不是回心转意了？

这时候你一定要把毛巾往旁边一放，跟上一句话：还哭吗？要哭接着哭。

你看，你没有打他，也没有骂他，你只是以这种方式告诉他：如果你闹起来没道理，我不心疼，我也不让步，你就闹吧。

第十章 教育的进步在于"克服焦虑＋不断学习创新"

这一次他就会知道了，闹是没有用的，孩子越小，越好管。

当然，也不能让孩子太压抑了，孩子不闹了以后，你要跟他说："以后有什么事儿，你能不能跟我好好说。如果你能说服我，我也许会考虑你的要求。"孩子可能会和你说，"我想要那辆小汽车"。你就问他，"那这辆小汽车和家里的有什么区别呀？你能跟我说说吗？"

注意，这是鼓励孩子和你交流。

交流有一个原则，记住"三比一"。

就是孩子提出三次要求，满足他一次，让孩子知道交流有用，但又不要每次都给他。

所以，这样就建立了你和孩子间一个好的关系——

①你明确说不行的事，他不闹了。

②如果他真的想坚持，他会跟你商量。

有了这个基础，到了青春期，你们俩的关系就好处了。

（三）让孩子经历点挫折

现在生活条件好了，但对孩子进行挫折训练十分重要。很多人忍受挫折的忍耐力特别弱，

其实这跟意志力相关，而意志力的培养，不是靠智力培养出来的，而是靠体力培养出来的。所以孩子小的时候，要让他适当吃一点体力之苦；人只有忍受过体力之苦，才会承受住生活之难。如果体力训练做不到，家长也可以让孩子学习游泳。学游泳也要趁早，七八岁甚至五六岁都行，送到游泳池，教练会说你们家长都出去吧，你们在这儿孩子学不了。

为什么呢？因为接下来，教练会拿着杆子把孩子都"轰"到泳池里，甚至是把孩子抱起来扔到泳池中。

孩子到水里使劲扑腾啊！其实，在教练的看护下，孩子都好好的。

但第一天接孩子的时候，你一定要问孩子一个问题："第一次下水，你什么感觉？"孩子一定会说，"吓死我了，我喝了好几口水"……家长继续问："那后来怎么样了？好好的上来了对吧？！"你就告诉孩子，以后长大了，一辈子都要记住这感受！

遇到挫折的时候，可能也觉得自己都快死了，但只要肯扑腾、肯努力，就一定没事。以后他再遇到这个挫折，你就给他讲这个道理，他肯定忘不了。

以上这些训练，都要在孩子 12 岁之前做。

有家长说，树大自然直，孩子大了自然懂事，孩子那么小，你不要去管他。不是的，如果孩子 12 岁之前你没管他，从 14 岁开始管，是根本管不了的。

李玫瑾教授说，犯罪心理问题，很多源于人的早期。

孩子的问题，往往是成年人造就的，大多和父母的教育方式有关。

所以，希望上述的这些"育儿经"，能对家长和孩子有所帮助！

祝愿每一个孩子，都健康快乐地长大。

六、父母的素质决定孩子的一生

最美教育人俞敏洪教授说：教授知识的是老师，但育人成长的一定是父母！

教书的是老师，但育人的一定是父母。俞敏洪坚信，父母的素质决定孩子的一生。他曾表示，自己继承了父亲的宽厚，又从母亲身上学到了坚韧不拔、锲而不舍的精神，"是我的父母成就了我"。

（一）没有规矩的教育，影响孩子的成长

很多家长在教育孩子的过程中，有关原则和规矩方面做得并不好。"有些父母把孩子保护得太好，现在很多的孩子被当成宠物养大，缺失规矩。"无规矩，不成才。没有原则的父母，教育出没原则的孩子，并且伴随着失去的是孩子对他们的尊重。

孩子需要原则，这让他们的成长有了土壤。没原则的孩子会经常碰壁，安全感丧失，从而失去进取心。原则和规矩，必须基于正确的价值观，否则就会和大众形成对抗，被排斥。

"在确立原则和规矩后，必须给孩子留下放飞的空间。对于鸟来说，

规矩不是把翅膀剪掉，而是指明飞行的方向。"

（二）鼓励教育应该有建设性的批判和处罚

现在很多中国家长倡导鼓励教育，是的，鼓励教育非常重要，但鼓励教育不能陷入误区。鼓励教育不是不惩罚、不批评孩子，而是带有建设性的批评，让孩子在失败和挫折面前不害怕。"国外是对过程进行鼓励，我们中国却是对结果进行鼓励。"中外教育的不同鼓励方式，培养出了不一样的人才。

中国的中小学老师一般都表扬成绩排前几名的学生，中等和后进的学生往往得不到鼓励。事实上，一个学生从 20 分到 40 分进步是很大的，却很少得到表扬。

美国有一位黑人女教师，在贫民区的学校做老师，但是她的学生却纷纷进入了美国的名牌大学，大家好奇她是怎么做到的，她讲了一个故事，让很多人深受感动。

黑人女教师班上有一位学生，二十道数学题只做对了两道，女教师给他加了 2 分，画了一个笑脸。学生找到老师，问老师是不是在污辱自己。女教师回答道："当然不是污辱你，你做对了两道题，总比一道都没有做好，我希望你下次做对四道题，这样我给你画两个笑脸。"

受到鼓励的这位后进生后来通过努力，成了全班数学进步最快的学生，并考入了美国名校。

"鼓励教育最重要的使用是在孩子遭遇挫折和失败的时候。"鼓励教育不是掩盖孩子的缺点，而是要孩子正视自己的不足并且一直努力。

较好的方式是对孩子所付出的努力——这是他们自己能够控制的因素——予以鼓励。

鼓励重在过程，是对孩子付出的努力给予承认，而表扬只认结果。这是两者最大的不同。

（三）良好的阅读习惯至关重要

俞敏洪曾说："如果从孩子出生到八岁，家长每天都跟孩子一起进行

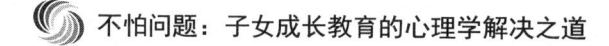

半小时的阅读，八岁以后，孩子的发展就不需要家长操心了。"

很多人都说中国人和犹太人是聪明的民族，但是中国人的阅读好习惯却慢慢丧失了。让他震撼的是，犹太人几乎每户人家都有2000本藏书，进门的屏风就放满了书。

教育就是习惯的培养。重复成习惯，习惯成自然，自然成个性，个性成命运。

（四）帮助孩子建立梦想

父母们应帮助孩子建立梦想，而不是强制兴趣。梦想是孩子一生发展的动力，是对未知世界的向往、对生命极限的超越，最高分数、名牌大学只是奋斗目标。

要从孩子的兴趣爱好出发，让孩子自己做出决定，学习内心真正热爱的东西。

俞敏洪建议家长与孩子分享"有质量的时间"。跟孩子在一起时，对他们进行心情教育、性情教育，塑造他们健康快乐的个性、积极向上的态度、宽阔的胸怀以及坚韧不拔的精神，打开更为广阔的思想天空，让孩子获得自我心情教育的能力。

教育是立体的大教育，学校教育学知识，家庭教育学做人，社会教育学规范。孩子是家长的一面镜子，家长只要会做人做事，积极向上的孩子将会不自觉地获得潜移默化的熏陶，有什么样的家庭就有什么样的孩子。信任孩子、尊重孩子、理解孩子、宽容孩子、激励孩子、提醒孩子是赏识教育的真谛，学会与孩子分享成长的苦与乐是生命的必修课。

你值得为孩子梦想成真的追求而自豪！

你值得拥有更加美好惬意的生活！

你的获得就是我们最大的幸福！

参考书目

卜文智，吉红．心解催眠［M］．北京：知识产权出版社，2011．

周弘．教你如何赏识孩子［M］．北京：华语教学出版社，2002．

［美］克里斯托弗·彼得森．积极心理学［M］．徐红，译．群言出版社，2010．

［德］诺斯拉特·佩塞施基安．积极心理治疗（第4版）［M］．白锡堃，译．北京：社会科学文献出版社，2004．

贺雄飞，等．世界教育艺术大观［M］．呼和浩特：远方出版社，1996．

陈默．孩子，你怎么了［M］．上海：上海教育出版社，2018．

后　记

　　教育就是做人的教育，就是知行合一、学以致用的教育，就是为中华民族伟大复兴而坚守自信、自强的教育，是不断向往美好生活的教育。所以说，做教育必须求真求实，不怕问题，在问题面前找金矿，也许在金矿里面就找到了铂金。

　　在落笔之前我们非常感谢国家和社会能给予我们分享教育的权力，感恩辛勤工作在教育战线的各位老师，感恩网络不曾谋面的发布者提供的很多文献资料，尤其感恩我们的子女给我们提出这样那样的问题，使我们有了与他们共同学习成长的机会，总之，是问题成就了当下的我们，是问题推动着社会的不断进步。此书的出版还要感谢知识产权出版社及本书责任编辑荆成恭先生。

　　山西怡得心理咨询有限公司对本书出版给予大力支持，特此感谢！